사물인터넷, 빅데이터 등 스마트 시대 대비!

정보처리능력 향상을 위한-

최고효과
기초 탄탄 계산법

3권 | 자연수의 덧셈과 뺄셈 3 / 곱셈구구

기초부터 탄탄하게
G 기탄출판

계산력은 수학적 사고력을 기르기 위한 기초 과정이며,
스마트 시대에 정보처리능력을 기르기 위한 필수 요소입니다.

사칙 계산(+, −, ×, ÷)을 나타내는 기호와 여러 가지 수(자연수, 분수, 소수 등) 사이의 관계를 이해하여 빠르고 정확하게 답을 찾아내는 과정을 통해 아이들은 수학적 개념이 발달하기 시작하고 수학에 흥미를 느끼게 됩니다.

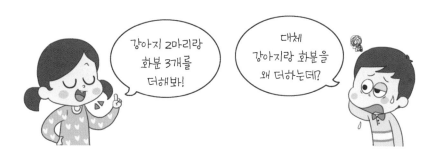

위에서 보여준 것과 같이 단순한 더하기라 할지라도 아무거나 더하는 것이 아니라 더하는 의미가 있는 것은, 동질성을 가진 것끼리, 단위가 같은 것끼리여야 하는 등의 논리적이고 합리적인 상황이 기본이 됩니다.

사칙 계산이 처음엔 자연수끼리의 계산으로 시작하기 때문에 큰 어려움이 없지만 수의 개념이 확장되어 분수, 소수까지 다루게 되면, 더하기를 하기 위해 표현 방법을 모두 분수로, 또는 모두 소수로 바꾸는 등, 자기도 모르게 수학적 사고의 과정을 밟아가며 계산을 하게 됩니다.

이런 단계의 계산들은 하위 단계인 자연수의 사칙 계산이 기초가 되지 않고서는 쉽지 않습니다.

계산력을 기르는 것이 이렇게 중요한데도 계산력을 기르는 방법에는 지름길이 없습니다.

❶ 매일 꾸준히
❷ 표준완성시간 내에
❸ 정확하게 푸는 것

을 연습하는 것만이 정답입니다.

집을 짓거나, 그림을 그리거나, 운동경기를 하거나, 그 밖의 어떤 일을 하더라도 좋은 결과를 위해서는 기초를 닦는 것이 중요합니다.

앞에서도 말했듯이 수학적 사고력에 있어서 가장 기초가 되는 것은 계산력입니다. 또한 계산력은 사물인터넷과 빅데이터가 활용되는 스마트 시대에 가장 필요한, 정보처리능력을 향상시킬 수 있는 기본 요소입니다. 매일 꾸준히, 표준완성시간 내에, 정확하게 푸는 것을 연습하여 기초가 탄탄한 미래의 소중한 주인공들로 성장하기를 바랍니다.

이 책의 특징과 구성

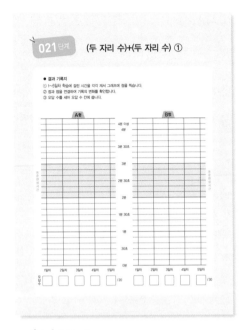

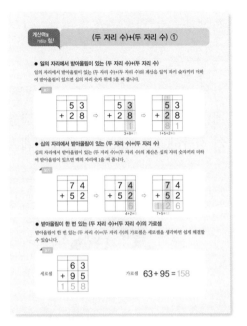

❖ 학습관리 | – 결과 기록지

매일 학습하는 데 걸린 시간을 표시하고 표준완성시간 내에 학습 완료를 하였는지, 틀린 문항 수는 몇 개인지, 또 아이의 기록에 어떤 변화가 있는지 확인할 수 있습니다.

❖ 계산 원리 | 짚어보기 | – 계산력을 기르는 힘

계산력도 원리를 익히고 연습하면 더 정확하고 빠르게 풀 수 있습니다. 제시된 원리를 이해하고 계산 방법을 익히면, 본 교재 학습을 쉽게 할 수 있는 힘이 됩니다.

❖ 본 학습

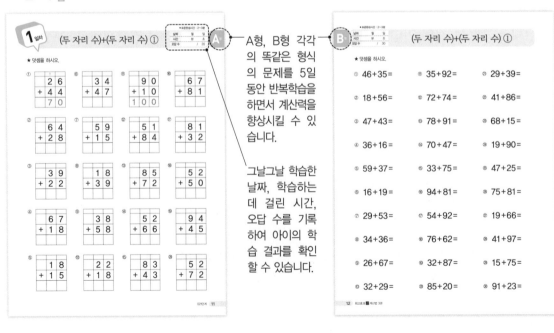

A형, B형 각각의 똑같은 형식의 문제를 5일 동안 반복학습을 하면서 계산력을 향상시킬 수 있습니다.

그날그날 학습한 날짜, 학습하는 데 걸린 시간, 오답 수를 기록하여 아이의 학습 결과를 확인할 수 있습니다.

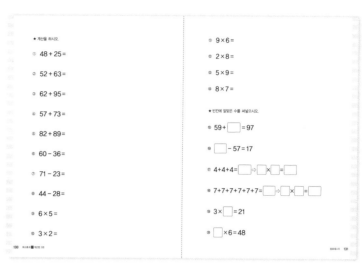

종료테스트

각 권이 끝날 때마다 종료테스트를 통해 학습한 것을 다시 한번 확인할 수 있습니다.
종료테스트의 정답을 확인하고 '학습능력평가표'를 작성합니다. 나온 평가의 결과대로 다음 교재로 바로 넘어갈지, 좀 더 복습이 필요한지 판단하여 계속해서 학습을 진행할 수 있습니다.

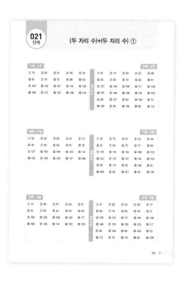

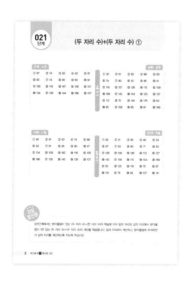

정답

단계별 정답 확인 후 지도포인트를 확인합니다. 이번 학습을 통해 어떤 부분의 문제해결력을 길렀는지, 또한 틀린 문제를 점검할 때 어떤 부분에 중점을 두고 확인해야 할지 알 수 있습니다.

최고효과 기초탄탄 계산법 전체 학습 내용

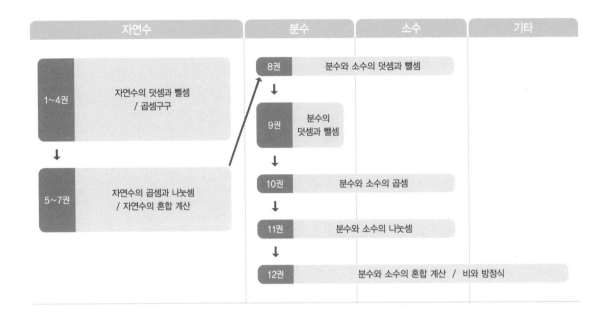

자연수	분수	소수	기타
1~4권 자연수의 덧셈과 뺄셈 / 곱셈구구	**8권** 분수와 소수의 덧셈과 뺄셈		
	↓		
	9권 분수의 덧셈과 뺄셈		
↓	↓		
5~7권 자연수의 곱셈과 나눗셈 / 자연수의 혼합 계산	**10권** 분수와 소수의 곱셈		
	↓		
	11권 분수와 소수의 나눗셈		
	↓		
	12권 분수와 소수의 혼합 계산 / 비와 방정식		

최고효과 기초탄탄 계산법 권별 학습 내용

권장학년 초1

1권 : 자연수의 덧셈과 뺄셈 ①		**2권 : 자연수의 덧셈과 뺄셈 ②**	
001단계	9까지의 수 모으기와 가르기	011단계	세 수의 덧셈, 뺄셈
002단계	합이 9까지인 덧셈	012단계	받아올림이 있는 (몇)+(몇)
003단계	차가 9까지인 뺄셈	013단계	받아내림이 있는 (십 몇)−(몇)
004단계	덧셈과 뺄셈의 관계 ①	014단계	받아올림 · 받아내림이 있는 덧셈, 뺄셈 종합
005단계	세 수의 덧셈과 뺄셈 ①	015단계	(두 자리 수)+(한 자리 수)
006단계	(몇십)+(몇)	016단계	(몇십)−(몇)
007단계	(몇십 몇)±(몇)	017단계	(두 자리 수)−(한 자리 수)
008단계	(몇십)±(몇십), (몇십 몇)±(몇십 몇)	018단계	(두 자리 수)±(한 자리 수) ①
009단계	10의 모으기와 가르기	019단계	(두 자리 수)±(한 자리 수) ②
010단계	10의 덧셈과 뺄셈	020단계	세 수의 덧셈과 뺄셈 ②

권장학년 초2

3권 : 자연수의 덧셈과 뺄셈 ③ / 곱셈구구		**4권 : 자연수의 덧셈과 뺄셈 ④**	
021단계	(두 자리 수)+(두 자리 수) ①	031단계	(세 자리 수)+(세 자리 수) ①
022단계	(두 자리 수)+(두 자리 수) ②	032단계	(세 자리 수)+(세 자리 수) ②
023단계	(두 자리 수)−(두 자리 수)	033단계	(세 자리 수)−(세 자리 수) ①
024단계	(두 자리 수)±(두 자리 수)	034단계	(세 자리 수)−(세 자리 수) ②
025단계	덧셈과 뺄셈의 관계 ②	035단계	(세 자리 수)±(세 자리 수)
026단계	같은 수를 여러 번 더하기	036단계	세 자리 수의 덧셈, 뺄셈 종합
027단계	2, 5, 3, 4의 단 곱셈구구	037단계	세 수의 덧셈과 뺄셈 ③
028단계	6, 7, 8, 9의 단 곱셈구구	038단계	(네 자리 수)+(세 자리 수 · 네 자리 수)
029단계	곱셈구구 종합 ①	039단계	(네 자리 수)−(세 자리 수 · 네 자리 수)
030단계	곱셈구구 종합 ②	040단계	네 자리 수의 덧셈, 뺄셈 종합

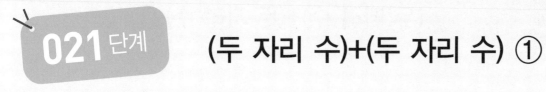

021 단계 (두 자리 수)+(두 자리 수) ①

● 결과 기록지

① 1~5일차 학습에 걸린 시간을 각각 재서 그래프에 점을 찍습니다.
② 점과 점을 연결하여 기록의 변화를 확인합니다.
③ 오답 수를 세어 오답 수 칸에 씁니다.

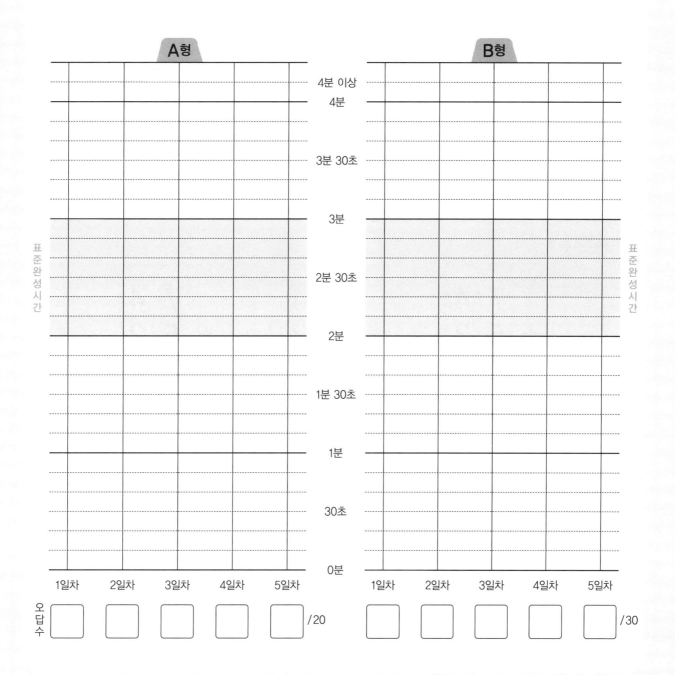

(두 자리 수)+(두 자리 수) ①

● **일의 자리에서 받아올림이 있는 (두 자리 수)+(두 자리 수)**

일의 자리에서 받아올림이 있는 (두 자리 수)+(두 자리 수)의 계산은 일의 자리 숫자끼리 더하여 받아올림이 있으면 십의 자리 숫자 위에 1을 써 줍니다.

보기

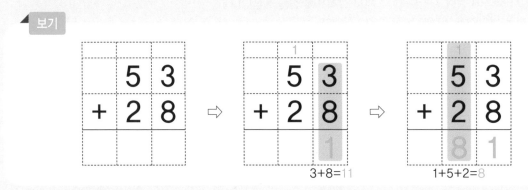

3+8=11   1+5+2=8

● **십의 자리에서 받아올림이 있는 (두 자리 수)+(두 자리 수)**

십의 자리에서 받아올림이 있는 (두 자리 수)+(두 자리 수)의 계산은 십의 자리 숫자끼리 더하여 받아올림이 있으면 백의 자리에 1을 써 줍니다.

보기

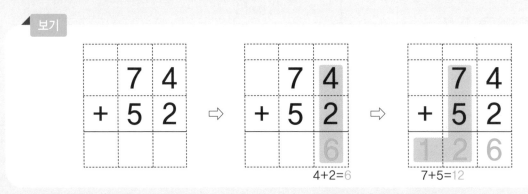

4+2=6   7+5=12

● **받아올림이 한 번 있는 (두 자리 수)+(두 자리 수)의 가로셈**

받아올림이 한 번 있는 (두 자리 수)+(두 자리 수)의 가로셈은 세로셈을 생각하면 쉽게 해결할 수 있습니다.

보기

세로셈   가로셈 $63 + 95 = 158$

(두 자리 수)+(두 자리 수) ①

★ 덧셈을 하시오.

①
```
  2 6
+ 4 4
  7 0
```

②
```
  6 4
+ 2 8
```

③
```
  3 9
+ 2 2
```

④
```
  6 7
+ 1 8
```

⑤
```
  1 8
+ 1 5
```

⑥
```
  3 4
+ 4 7
```

⑦
```
  5 9
+ 1 5
```

⑧
```
  1 8
+ 3 9
```

⑨
```
  3 8
+ 5 8
```

⑩
```
  2 2
+ 1 8
```

⑪
```
  9 0
+ 1 0
1 0 0
```

⑫
```
  5 1
+ 8 4
```

⑬
```
  8 5
+ 7 2
```

⑭
```
  5 2
+ 6 6
```

⑮
```
  8 3
+ 4 3
```

⑯
```
  6 7
+ 8 1
```

⑰
```
  8 1
+ 3 2
```

⑱
```
  5 2
+ 5 0
```

⑲
```
  9 4
+ 4 5
```

⑳
```
  5 2
+ 7 2
```

★ 덧셈을 하시오.

① $46+35=$

② $18+56=$

③ $47+43=$

④ $36+16=$

⑤ $59+37=$

⑥ $16+19=$

⑦ $29+53=$

⑧ $34+36=$

⑨ $26+67=$

⑩ $32+29=$

⑪ $35+92=$

⑫ $72+74=$

⑬ $78+91=$

⑭ $70+47=$

⑮ $33+75=$

⑯ $94+81=$

⑰ $54+92=$

⑱ $76+62=$

⑲ $32+87=$

⑳ $85+20=$

㉑ $29+39=$

㉒ $41+86=$

㉓ $68+15=$

㉔ $19+90=$

㉕ $47+25=$

㉖ $75+81=$

㉗ $19+66=$

㉘ $41+97=$

㉙ $15+75=$

㉚ $91+23=$

(두 자리 수)+(두 자리 수) ①

★ 덧셈을 하시오.

①
$$\begin{array}{r} 3\ 6 \\ +\ 1\ 9 \\ \hline \end{array}$$

②
$$\begin{array}{r} 1\ 9 \\ +\ 4\ 3 \\ \hline \end{array}$$

③
$$\begin{array}{r} 5\ 1 \\ +\ 2\ 9 \\ \hline \end{array}$$

④
$$\begin{array}{r} 1\ 7 \\ +\ 7\ 4 \\ \hline \end{array}$$

⑤
$$\begin{array}{r} 4\ 4 \\ +\ 2\ 9 \\ \hline \end{array}$$

⑥
$$\begin{array}{r} 1\ 7 \\ +\ 2\ 3 \\ \hline \end{array}$$

⑦
$$\begin{array}{r} 4\ 3 \\ +\ 4\ 9 \\ \hline \end{array}$$

⑧
$$\begin{array}{r} 1\ 8 \\ +\ 6\ 6 \\ \hline \end{array}$$

⑨
$$\begin{array}{r} 2\ 3 \\ +\ 3\ 8 \\ \hline \end{array}$$

⑩
$$\begin{array}{r} 3\ 9 \\ +\ 3\ 7 \\ \hline \end{array}$$

⑪
$$\begin{array}{r} 4\ 4 \\ +\ 6\ 3 \\ \hline \end{array}$$

⑫
$$\begin{array}{r} 9\ 1 \\ +\ 6\ 5 \\ \hline \end{array}$$

⑬
$$\begin{array}{r} 7\ 5 \\ +\ 9\ 3 \\ \hline \end{array}$$

⑭
$$\begin{array}{r} 6\ 1 \\ +\ 6\ 8 \\ \hline \end{array}$$

⑮
$$\begin{array}{r} 2\ 4 \\ +\ 9\ 0 \\ \hline \end{array}$$

⑯
$$\begin{array}{r} 7\ 7 \\ +\ 5\ 2 \\ \hline \end{array}$$

⑰
$$\begin{array}{r} 5\ 0 \\ +\ 9\ 8 \\ \hline \end{array}$$

⑱
$$\begin{array}{r} 8\ 4 \\ +\ 2\ 1 \\ \hline \end{array}$$

⑲
$$\begin{array}{r} 6\ 2 \\ +\ 7\ 5 \\ \hline \end{array}$$

⑳
$$\begin{array}{r} 9\ 4 \\ +\ 9\ 2 \\ \hline \end{array}$$

날짜	월 일
시간	분 초
오답 수	/ 30

B형

(두 자리 수)+(두 자리 수) ①

★ 덧셈을 하시오.

① $78+19=$

② $29+41=$

③ $45+36=$

④ $29+24=$

⑤ $16+18=$

⑥ $48+13=$

⑦ $32+58=$

⑧ $38+37=$

⑨ $55+18=$

⑩ $38+44=$

⑪ $90+86=$

⑫ $46+73=$

⑬ $71+64=$

⑭ $86+82=$

⑮ $62+41=$

⑯ $50+70=$

⑰ $96+51=$

⑱ $73+74=$

⑲ $62+56=$

⑳ $33+71=$

㉑ $35+25=$

㉒ $31+83=$

㉓ $47+48=$

㉔ $81+65=$

㉕ $29+52=$

㉖ $78+90=$

㉗ $58+35=$

㉘ $95+12=$

㉙ $14+28=$

㉚ $74+55=$

★ 덧셈을 하시오.

①
```
    1 7
 +  5 6
```

②
```
    7 3
 +  1 7
```

③
```
    5 9
 +  3 8
```

④
```
    2 7
 +  5 7
```

⑤
```
    4 6
 +  1 5
```

⑥
```
    4 3
 +  3 8
```

⑦
```
    3 8
 +  2 7
```

⑧
```
    2 6
 +  1 6
```

⑨
```
    2 8
 +  2 2
```

⑩
```
    2 5
 +  6 8
```

⑪
```
    9 2
 +  4 3
```

⑫
```
    5 0
 +  7 9
```

⑬
```
    6 6
 +  4 2
```

⑭
```
    5 1
 +  9 1
```

⑮
```
    9 3
 +  2 4
```

⑯
```
    6 1
 +  9 7
```

⑰
```
    9 6
 +  3 3
```

⑱
```
    4 3
 +  7 1
```

⑲
```
    8 3
 +  8 0
```

⑳
```
    1 2
 +  9 4
```

날짜	월	일
시간	분	초
오답 수	/ 30	

(두 자리 수)+(두 자리 수) ①

★ 덧셈을 하시오.

① $18+23=$

② $63+19=$

③ $37+13=$

④ $36+57=$

⑤ $38+34=$

⑥ $26+38=$

⑦ $49+27=$

⑧ $34+46=$

⑨ $19+45=$

⑩ $12+19=$

⑪ $77+82=$

⑫ $94+13=$

⑬ $80+91=$

⑭ $75+43=$

⑮ $41+95=$

⑯ $84+64=$

⑰ $54+51=$

⑱ $75+54=$

⑲ $82+51=$

⑳ $51+66=$

㉑ $56+26=$

㉒ $54+95=$

㉓ $78+12=$

㉔ $92+32=$

㉕ $15+38=$

㉖ $97+40=$

㉗ $59+19=$

㉘ $42+74=$

㉙ $49+46=$

㉚ $13+95=$

(두 자리 수)+(두 자리 수) ①

●표준완성시간 : 2~3분

날짜	월	일
시간	분	초
오답 수	/	20

★ 덧셈을 하시오.

①
```
   1 8
+  4 9
```

⑥
```
   5 8
+  2 4
```

⑪
```
   9 3
+  6 3
```

⑯
```
   4 1
+  9 3
```

②
```
   4 9
+  2 5
```

⑦
```
   2 7
+  4 7
```

⑫
```
   6 5
+  5 4
```

⑰
```
   7 5
+  5 1
```

③
```
   4 6
+  4 7
```

⑧
```
   6 4
+  2 6
```

⑬
```
   9 6
+  7 1
```

⑱
```
   6 0
+  8 4
```

④
```
   1 5
+  2 5
```

⑨
```
   2 8
+  3 5
```

⑭
```
   3 3
+  9 5
```

⑲
```
   9 2
+  9 7
```

⑤
```
   2 8
+  5 3
```

⑩
```
   1 5
+  7 6
```

⑮
```
   2 1
+  8 0
```

⑳
```
   7 1
+  3 6
```

★ 덧셈을 하시오.

① $13 + 17 =$

② $19 + 42 =$

③ $35 + 27 =$

④ $78 + 18 =$

⑤ $17 + 66 =$

⑥ $55 + 19 =$

⑦ $36 + 44 =$

⑧ $39 + 13 =$

⑨ $26 + 69 =$

⑩ $14 + 27 =$

⑪ $71 + 48 =$

⑫ $84 + 73 =$

⑬ $42 + 86 =$

⑭ $24 + 91 =$

⑮ $84 + 25 =$

⑯ $77 + 91 =$

⑰ $62 + 81 =$

⑱ $12 + 92 =$

⑲ $60 + 63 =$

⑳ $92 + 45 =$

㉑ $81 + 31 =$

㉒ $39 + 31 =$

㉓ $70 + 75 =$

㉔ $91 + 85 =$

㉕ $25 + 38 =$

㉖ $63 + 29 =$

㉗ $45 + 63 =$

㉘ $69 + 16 =$

㉙ $13 + 78 =$

㉚ $98 + 71 =$

★ 덧셈을 하시오.

①
$$\begin{array}{r} 1\ 4 \\ +\ 6\ 8 \\ \hline \end{array}$$

⑥
$$\begin{array}{r} 2\ 7 \\ +\ 3\ 6 \\ \hline \end{array}$$

⑪
$$\begin{array}{r} 6\ 1 \\ +\ 7\ 3 \\ \hline \end{array}$$

⑯
$$\begin{array}{r} 9\ 6 \\ +\ 9\ 0 \\ \hline \end{array}$$

②
$$\begin{array}{r} 7\ 7 \\ +\ 1\ 4 \\ \hline \end{array}$$

⑦
$$\begin{array}{r} 6\ 2 \\ +\ 1\ 9 \\ \hline \end{array}$$

⑫
$$\begin{array}{r} 7\ 8 \\ +\ 3\ 1 \\ \hline \end{array}$$

⑰
$$\begin{array}{r} 8\ 2 \\ +\ 7\ 6 \\ \hline \end{array}$$

③
$$\begin{array}{r} 2\ 9 \\ +\ 2\ 1 \\ \hline \end{array}$$

⑧
$$\begin{array}{r} 5\ 7 \\ +\ 3\ 8 \\ \hline \end{array}$$

⑬
$$\begin{array}{r} 8\ 0 \\ +\ 8\ 2 \\ \hline \end{array}$$

⑱
$$\begin{array}{r} 9\ 3 \\ +\ 5\ 2 \\ \hline \end{array}$$

④
$$\begin{array}{r} 5\ 8 \\ +\ 1\ 6 \\ \hline \end{array}$$

⑨
$$\begin{array}{r} 3\ 3 \\ +\ 5\ 7 \\ \hline \end{array}$$

⑭
$$\begin{array}{r} 5\ 4 \\ +\ 6\ 4 \\ \hline \end{array}$$

⑲
$$\begin{array}{r} 5\ 3 \\ +\ 7\ 6 \\ \hline \end{array}$$

⑤
$$\begin{array}{r} 3\ 7 \\ +\ 4\ 9 \\ \hline \end{array}$$

⑩
$$\begin{array}{r} 2\ 9 \\ +\ 1\ 8 \\ \hline \end{array}$$

⑮
$$\begin{array}{r} 8\ 1 \\ +\ 4\ 5 \\ \hline \end{array}$$

⑳
$$\begin{array}{r} 2\ 4 \\ +\ 8\ 3 \\ \hline \end{array}$$

★ 덧셈을 하시오.

① $47+45=$

② $13+18=$

③ $56+39=$

④ $26+14=$

⑤ $17+37=$

⑥ $48+39=$

⑦ $28+65=$

⑧ $11+69=$

⑨ $36+35=$

⑩ $34+29=$

⑪ $61+67=$

⑫ $86+23=$

⑬ $52+84=$

⑭ $41+72=$

⑮ $95+32=$

⑯ $62+80=$

⑰ $96+62=$

⑱ $84+31=$

⑲ $43+61=$

⑳ $92+77=$

㉑ $27+28=$

㉒ $31+94=$

㉓ $50+69=$

㉔ $15+55=$

㉕ $29+58=$

㉖ $94+22=$

㉗ $48+28=$

㉘ $79+14=$

㉙ $32+75=$

㉚ $51+90=$

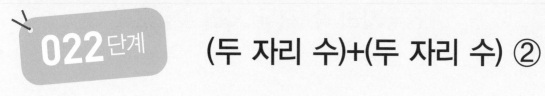

(두 자리 수)+(두 자리 수) ②

022단계

● 결과 기록지

① 1~5일차 학습에 걸린 시간을 각각 재서 그래프에 점을 찍습니다.
② 점과 점을 연결하여 기록의 변화를 확인합니다.
③ 오답 수를 세어 오답 수 칸에 씁니다.

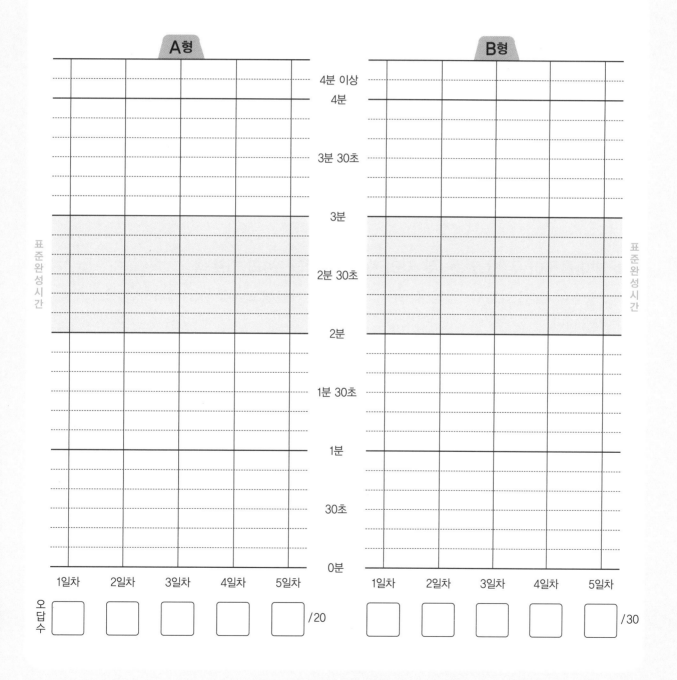

(두 자리 수)+(두 자리 수) ②

● **받아올림이 두 번 있는 (두 자리 수)+(두 자리 수)의 세로셈**

받아올림이 두 번 있는 (두 자리 수)+(두 자리 수)의 계산입니다. 계산은 일의 자리, 십의 자리
의 순서로 하고, 각 자리 숫자끼리 더하여 10이거나 10보다 크면 바로 윗자리로 받아올림합니다.

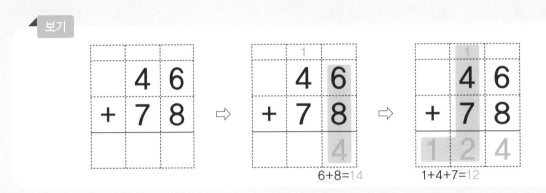

● **받아올림이 두 번 있는 (두 자리 수)+(두 자리 수)의 가로셈**

받아올림이 두 번 있는 (두 자리 수)+(두 자리 수)의 가로셈도 세로셈을 생각하면 쉽게 해결할
수 있습니다.

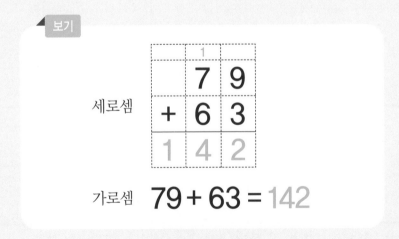

1일차

(두 자리 수)+(두 자리 수) ②

● 표준완성시간 : 2~3분

날짜	월	일
시간	분	초
오답 수	/ 20	

A형

★ 덧셈을 하시오.

①
```
    3 6
  + 2 4
```

②
```
    1 5
  + 6 9
```

③
```
    3 9
  + 5 8
```

④
```
    2 2
  + 1 9
```

⑤
```
    3 8
  + 3 5
```

⑥
```
    6 8
  + 7 0
```

⑦
```
    8 1
  + 2 2
```

⑧
```
    5 6
  + 6 3
```

⑨
```
    9 4
  + 3 3
```

⑩
```
    6 1
  + 9 3
```

⑪
```
      1
    3 6
  + 8 8
    1 2 4
```

⑫
```
    9 4
  + 9 9
```

⑬
```
    8 5
  + 6 5
```

⑭
```
    1 4
  + 8 7
```

⑮
```
    9 7
  + 4 5
```

⑯
```
    8 7
  + 8 6
```

⑰
```
    2 3
  + 8 9
```

⑱
```
    8 6
  + 4 5
```

⑲
```
    7 9
  + 8 6
```

⑳
```
    8 7
  + 9 3
```

★ 덧셈을 하시오.

① $74+18=$

② $27+44=$

③ $17+19=$

④ $18+47=$

⑤ $23+67=$

⑥ $84+35=$

⑦ $50+76=$

⑧ $74+71=$

⑨ $14+94=$

⑩ $92+75=$

⑪ $59+81=$

⑫ $75+46=$

⑬ $97+17=$

⑭ $86+77=$

⑮ $48+83=$

⑯ $37+68=$

⑰ $69+57=$

⑱ $74+66=$

⑲ $29+83=$

⑳ $98+59=$

㉑ $55+28=$

㉒ $78+92=$

㉓ $95+23=$

㉔ $69+89=$

㉕ $56+16=$

㉖ $78+25=$

㉗ $49+60=$

㉘ $28+96=$

㉙ $29+25=$

㉚ $75+57=$

★ 덧셈을 하시오.

①
```
   1 1
+  5 9
```

②
```
   2 8
+  3 4
```

③
```
   4 6
+  2 9
```

④
```
   3 9
+  4 2
```

⑤
```
   6 8
+  2 8
```

⑥
```
   9 2
+  8 5
```

⑦
```
   4 5
+  7 4
```

⑧
```
   9 1
+  6 7
```

⑨
```
   4 3
+  9 1
```

⑩
```
   6 0
+  4 3
```

⑪
```
   9 7
+  4 6
```

⑫
```
   7 3
+  3 7
```

⑬
```
   6 7
+  6 5
```

⑭
```
   3 9
+  8 9
```

⑮
```
   5 8
+  9 6
```

⑯
```
   9 7
+  2 8
```

⑰
```
   6 8
+  9 9
```

⑱
```
   8 7
+  8 4
```

⑲
```
   2 9
+  7 1
```

⑳
```
   8 5
+  4 8
```

★ 덧셈을 하시오.

① $27+43=$

② $33+29=$

③ $19+14=$

④ $13+28=$

⑤ $48+47=$

⑥ $65+62=$

⑦ $81+25=$

⑧ $56+93=$

⑨ $82+52=$

⑩ $55+63=$

⑪ $54+88=$

⑫ $76+55=$

⑬ $46+74=$

⑭ $99+56=$

⑮ $16+97=$

⑯ $89+38=$

⑰ $34+97=$

⑱ $89+75=$

⑲ $77+99=$

⑳ $52+88=$

㉑ $14+39=$

㉒ $79+27=$

㉓ $55+51=$

㉔ $65+87=$

㉕ $32+59=$

㉖ $67+67=$

㉗ $92+36=$

㉘ $34+76=$

㉙ $68+13=$

㉚ $76+68=$

★ 덧셈을 하시오.

①
```
  1 8
+ 7 2
```

⑥
```
  8 4
+ 8 1
```

⑪
```
  6 8
+ 4 5
```

⑯
```
  8 6
+ 3 5
```

②
```
  2 6
+ 3 7
```

⑦
```
  9 3
+ 1 3
```

⑫
```
  2 7
+ 9 7
```

⑰
```
  4 3
+ 5 7
```

③
```
  3 9
+ 1 9
```

⑧
```
  4 1
+ 8 0
```

⑬
```
  9 9
+ 7 2
```

⑱
```
  9 8
+ 4 9
```

④
```
  2 5
+ 1 6
```

⑨
```
  7 3
+ 4 4
```

⑭
```
  6 5
+ 9 5
```

⑲
```
  2 9
+ 8 6
```

⑤
```
  4 8
+ 3 6
```

⑩
```
  7 8
+ 8 1
```

⑮
```
  8 4
+ 4 9
```

⑳
```
  5 6
+ 9 6
```

(두 자리 수)+(두 자리 수) ②

★ 덧셈을 하시오.

① $14+67=$

② $47+26=$

③ $16+48=$

④ $77+15=$

⑤ $61+29=$

⑥ $80+70=$

⑦ $36+91=$

⑧ $93+95=$

⑨ $53+82=$

⑩ $71+32=$

⑪ $39+63=$

⑫ $53+98=$

⑬ $98+25=$

⑭ $57+79=$

⑮ $75+75=$

⑯ $98+76=$

⑰ $67+44=$

⑱ $94+66=$

⑲ $69+78=$

⑳ $87+98=$

㉑ $51+39=$

㉒ $85+17=$

㉓ $72+55=$

㉔ $99+45=$

㉕ $54+17=$

㉖ $38+72=$

㉗ $62+82=$

㉘ $52+69=$

㉙ $27+66=$

㉚ $98+38=$

4일차

(두 자리 수)+(두 자리 수) ②

● 표준완성시간 : 2~3분

날짜	월 일
시간	분 초
오답 수	/ 20

A형

★ 덧셈을 하시오.

①
```
    1 7
+   7 7
```

⑥
```
    3 1
+   8 8
```

⑪
```
    5 9
+   5 8
```

⑯
```
    7 5
+   8 6
```

②
```
    3 6
+   1 5
```

⑦
```
    1 4
+   9 2
```

⑫
```
    7 8
+   9 3
```

⑰
```
    8 6
+   5 9
```

③
```
    2 3
+   4 9
```

⑧
```
    8 4
+   4 4
```

⑬
```
    3 4
+   9 6
```

⑱
```
    2 4
+   9 8
```

④
```
    3 2
+   3 8
```

⑨
```
    4 2
+   9 1
```

⑭
```
    7 9
+   4 4
```

⑲
```
    8 9
+   6 1
```

⑤
```
    5 9
+   2 7
```

⑩
```
    8 0
+   7 2
```

⑮
```
    2 5
+   7 9
```

⑳
```
    9 5
+   8 8
```

B형

날짜	월	일
시간	분	초
오답 수		/ 30

(두 자리 수)+(두 자리 수) ②

★ 덧셈을 하시오.

① $43+18=$

② $49+36=$

③ $17+53=$

④ $68+29=$

⑤ $16+17=$

⑥ $84+42=$

⑦ $72+93=$

⑧ $91+26=$

⑨ $65+84=$

⑩ $42+62=$

⑪ $94+19=$

⑫ $49+73=$

⑬ $81+89=$

⑭ $59+95=$

⑮ $96+48=$

⑯ $49+79=$

⑰ $76+64=$

⑱ $38+78=$

⑲ $97+65=$

⑳ $49+82=$

㉑ $77+81=$

㉒ $34+87=$

㉓ $12+38=$

㉔ $83+90=$

㉕ $57+86=$

㉖ $36+66=$

㉗ $76+59=$

㉘ $71+72=$

㉙ $86+25=$

㉚ $35+47=$

(두 자리 수)+(두 자리 수) ②

★ 덧셈을 하시오.

①
```
   1 7
+  4 4
```

②
```
   3 4
+  3 9
```

③
```
   1 5
+  1 5
```

④
```
   3 4
+  5 8
```

⑤
```
   6 8
+  1 7
```

⑥
```
   5 3
+  7 4
```

⑦
```
   9 5
+  5 0
```

⑧
```
   9 8
+  9 1
```

⑨
```
   8 2
+  5 4
```

⑩
```
   7 6
+  3 2
```

⑪
```
   8 6
+  8 9
```

⑫
```
   4 8
+  5 2
```

⑬
```
   6 6
+  8 6
```

⑭
```
   3 9
+  9 7
```

⑮
```
   9 2
+  6 9
```

⑯
```
   6 8
+  4 6
```

⑰
```
   9 9
+  4 8
```

⑱
```
   7 8
+  7 3
```

⑲
```
   5 6
+  6 7
```

⑳
```
   8 3
+  4 7
```

★ 덧셈을 하시오.

① 79+13 =

② 54+26 =

③ 27+56 =

④ 35+29 =

⑤ 13+38 =

⑥ 70+40 =

⑦ 84+72 =

⑧ 72+91 =

⑨ 54+54 =

⑩ 41+88 =

⑪ 57+68 =

⑫ 66+75 =

⑬ 87+79 =

⑭ 55+78 =

⑮ 79+31 =

⑯ 28+79 =

⑰ 87+85 =

⑱ 97+57 =

⑲ 89+32 =

⑳ 92+98 =

㉑ 61+69 =

㉒ 87+60 =

㉓ 16+59 =

㉔ 29+98 =

㉕ 88+65 =

㉖ 93+91 =

㉗ 42+93 =

㉘ 68+34 =

㉙ 19+27 =

㉚ 94+67 =

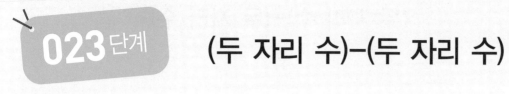

(두 자리 수)−(두 자리 수)

● 결과 기록지

① 1~5일차 학습에 걸린 시간을 각각 재서 그래프에 점을 찍습니다.
② 점과 점을 연결하여 기록의 변화를 확인합니다.
③ 오답 수를 세어 오답 수 칸에 씁니다.

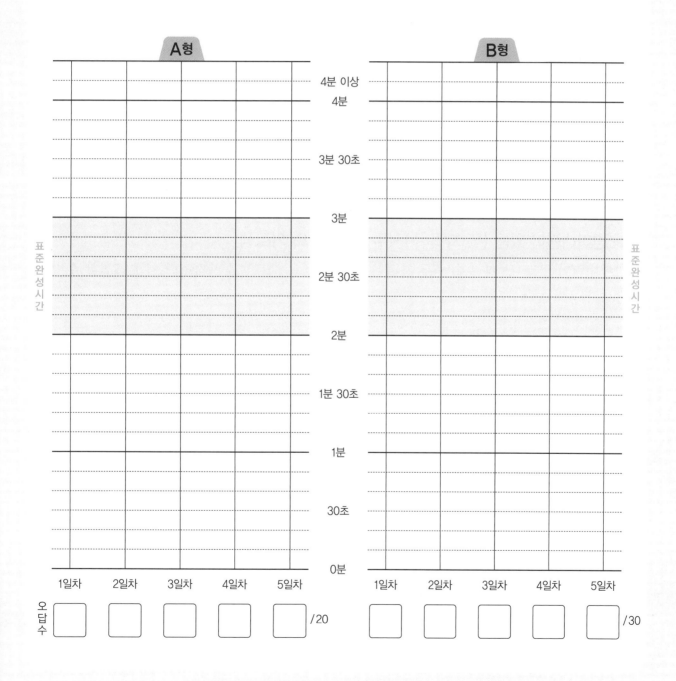

(두 자리 수)-(두 자리 수)

● 받아내림이 있는 (두 자리 수)-(두 자리 수)의 세로셈

받아내림이 있는 (두 자리 수)-(두 자리 수)의 계산은 일의 자리, 십의 자리의 순서로 하고, 일의 자리 숫자끼리 뺄 수 없을 때에는 십의 자리에서 받아내림하여 계산합니다.

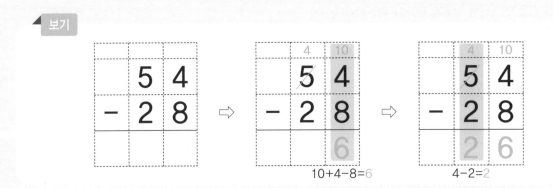

● 받아내림이 있는 (두 자리 수)-(두 자리 수)의 가로셈

받아내림이 있는 (두 자리 수)-(두 자리 수)의 가로셈은 세로셈을 생각하면 쉽게 해결할 수 있습니다.

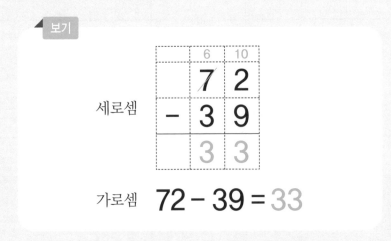

(두 자리 수)-(두 자리 수)

★ 뺄셈을 하시오.

①
```
  8 10
  9̸ 0
-  6 7
    2 3
```

②
```
   5 0
 - 1 2
```

③
```
   4 0
 - 2 5
```

④
```
   8 0
 - 3 1
```

⑤
```
   6 0
 - 5 4
```

⑥
```
   5 1
 - 3 7
```

⑦
```
   8 2
 - 1 3
```

⑧
```
   7 3
 - 6 6
```

⑨
```
   6 4
 - 3 8
```

⑩
```
   9 5
 - 3 9
```

⑪
```
   3 2
 - 2 7
```

⑫
```
   8 0
 - 6 3
```

⑬
```
   4 4
 - 1 6
```

⑭
```
   9 3
 - 8 4
```

⑮
```
   7 8
 - 4 9
```

⑯
```
   6 1
 - 2 3
```

⑰
```
   4 6
 - 3 8
```

⑱
```
   3 2
 - 1 5
```

⑲
```
   7 0
 - 3 8
```

⑳
```
   9 5
 - 4 7
```

● 표준완성시간 : 2~3분

날짜	월	일
시간	분	초
오답 수	/	30

(두 자리 수)−(두 자리 수)

★ 뺄셈을 하시오.

① $80 - 76 =$

② $70 - 15 =$

③ $50 - 28 =$

④ $60 - 43 =$

⑤ $90 - 51 =$

⑥ $21 - 14 =$

⑦ $82 - 58 =$

⑧ $73 - 57 =$

⑨ $74 - 29 =$

⑩ $95 - 76 =$

⑪ $73 - 35 =$

⑫ $92 - 16 =$

⑬ $50 - 49 =$

⑭ $84 - 27 =$

⑮ $71 - 48 =$

⑯ $43 - 29 =$

⑰ $85 - 48 =$

⑱ $61 - 15 =$

⑲ $90 - 22 =$

⑳ $57 - 39 =$

㉑ $31 - 12 =$

㉒ $72 - 64 =$

㉓ $65 - 37 =$

㉔ $93 - 38 =$

㉕ $40 - 14 =$

㉖ $86 - 69 =$

㉗ $67 - 28 =$

㉘ $30 - 27 =$

㉙ $64 - 55 =$

㉚ $91 - 46 =$

(두 자리 수)-(두 자리 수)

★ 뺄셈을 하시오.

①
$$\begin{array}{r} 9\ 2 \\ -\ 2\ 9 \\ \hline \end{array}$$

②
$$\begin{array}{r} 8\ 1 \\ -\ 5\ 5 \\ \hline \end{array}$$

③
$$\begin{array}{r} 7\ 4 \\ -\ 1\ 7 \\ \hline \end{array}$$

④
$$\begin{array}{r} 8\ 0 \\ -\ 7\ 9 \\ \hline \end{array}$$

⑤
$$\begin{array}{r} 6\ 3 \\ -\ 4\ 8 \\ \hline \end{array}$$

⑥
$$\begin{array}{r} 7\ 1 \\ -\ 5\ 9 \\ \hline \end{array}$$

⑦
$$\begin{array}{r} 5\ 0 \\ -\ 4\ 6 \\ \hline \end{array}$$

⑧
$$\begin{array}{r} 9\ 6 \\ -\ 5\ 7 \\ \hline \end{array}$$

⑨
$$\begin{array}{r} 6\ 5 \\ -\ 1\ 8 \\ \hline \end{array}$$

⑩
$$\begin{array}{r} 8\ 2 \\ -\ 4\ 4 \\ \hline \end{array}$$

⑪
$$\begin{array}{r} 5\ 2 \\ -\ 2\ 6 \\ \hline \end{array}$$

⑫
$$\begin{array}{r} 2\ 3 \\ -\ 1\ 7 \\ \hline \end{array}$$

⑬
$$\begin{array}{r} 8\ 8 \\ -\ 3\ 9 \\ \hline \end{array}$$

⑭
$$\begin{array}{r} 9\ 0 \\ -\ 7\ 2 \\ \hline \end{array}$$

⑮
$$\begin{array}{r} 7\ 4 \\ -\ 2\ 8 \\ \hline \end{array}$$

⑯
$$\begin{array}{r} 8\ 0 \\ -\ 1\ 7 \\ \hline \end{array}$$

⑰
$$\begin{array}{r} 4\ 5 \\ -\ 3\ 9 \\ \hline \end{array}$$

⑱
$$\begin{array}{r} 9\ 3 \\ -\ 6\ 5 \\ \hline \end{array}$$

⑲
$$\begin{array}{r} 8\ 1 \\ -\ 2\ 4 \\ \hline \end{array}$$

⑳
$$\begin{array}{r} 9\ 2 \\ -\ 1\ 8 \\ \hline \end{array}$$

B형

(두 자리 수)-(두 자리 수)

★ 뺄셈을 하시오.

① 87-19=

② 50-34=

③ 95-86=

④ 71-47=

⑤ 56-18=

⑥ 94-36=

⑦ 62-25=

⑧ 31-23=

⑨ 80-68=

⑩ 43-16=

⑪ 77-68=

⑫ 80-25=

⑬ 95-17=

⑭ 71-36=

⑮ 93-49=

⑯ 64-59=

⑰ 40-21=

⑱ 92-77=

⑲ 63-14=

⑳ 61-32=

㉑ 62-43=

㉒ 94-68=

㉓ 70-29=

㉔ 81-38=

㉕ 53-27=

㉖ 96-59=

㉗ 84-75=

㉘ 31-19=

㉙ 40-33=

㉚ 72-16=

(두 자리 수)−(두 자리 수)

★ 뺄셈을 하시오.

①
```
  8 2
- 5 9
```

②
```
  7 0
- 1 6
```

③
```
  5 5
- 4 8
```

④
```
  9 1
- 2 2
```

⑤
```
  5 3
- 1 4
```

⑥
```
  5 6
- 2 7
```

⑦
```
  6 1
- 1 8
```

⑧
```
  8 2
- 4 5
```

⑨
```
  9 4
- 8 9
```

⑩
```
  7 0
- 5 3
```

⑪
```
  9 3
- 6 6
```

⑫
```
  2 2
- 1 7
```

⑬
```
  6 0
- 2 1
```

⑭
```
  8 6
- 3 8
```

⑮
```
  7 1
- 3 9
```

⑯
```
  4 0
- 2 8
```

⑰
```
  7 4
- 4 5
```

⑱
```
  8 1
- 7 6
```

⑲
```
  9 7
- 3 9
```

⑳
```
  6 5
- 4 6
```

★ 뺄셈을 하시오.

① $72-68=$

② $50-32=$

③ $98-19=$

④ $63-38=$

⑤ $84-66=$

⑥ $91-74=$

⑦ $40-39=$

⑧ $73-25=$

⑨ $44-17=$

⑩ $92-53=$

⑪ $81-53=$

⑫ $86-19=$

⑬ $37-28=$

⑭ $70-54=$

⑮ $80-47=$

⑯ $53-19=$

⑰ $94-45=$

⑱ $85-29=$

⑲ $32-14=$

⑳ $61-55=$

㉑ $60-25=$

㉒ $52-46=$

㉓ $71-17=$

㉔ $84-38=$

㉕ $72-39=$

㉖ $96-27=$

㉗ $21-12=$

㉘ $63-47=$

㉙ $40-26=$

㉚ $75-47=$

(두 자리 수)–(두 자리 수)

★ 뺄셈을 하시오.

①
```
  9 1
- 8 3
```

⑥
```
  8 5
- 6 8
```

⑪
```
  5 1
- 2 4
```

⑯
```
  9 6
- 7 7
```

②
```
  4 7
- 1 8
```

⑦
```
  6 0
- 5 5
```

⑫
```
  7 3
- 6 5
```

⑰
```
  8 0
- 5 9
```

③
```
  8 4
- 2 6
```

⑧
```
  9 2
- 4 3
```

⑬
```
  3 2
- 1 8
```

⑱
```
  3 5
- 2 6
```

④
```
  5 3
- 3 9
```

⑨
```
  8 1
- 1 7
```

⑭
```
  8 0
- 4 2
```

⑲
```
  5 2
- 1 5
```

⑤
```
  9 0
- 5 4
```

⑩
```
  6 6
- 3 9
```

⑮
```
  4 4
- 3 9
```

⑳
```
  7 1
- 2 8
```

(두 자리 수)−(두 자리 수)

★ 뺄셈을 하시오.

① $90-21=$

② $72-37=$

③ $25-19=$

④ $78-59=$

⑤ $91-35=$

⑥ $63-26=$

⑦ $62-14=$

⑧ $84-77=$

⑨ $70-46=$

⑩ $93-14=$

⑪ $66-38=$

⑫ $74-25=$

⑬ $92-89=$

⑭ $40-23=$

⑮ $71-16=$

⑯ $55-47=$

⑰ $87-39=$

⑱ $50-17=$

⑲ $93-68=$

⑳ $61-44=$

㉑ $34-28=$

㉒ $91-72=$

㉓ $82-46=$

㉔ $43-17=$

㉕ $70-68=$

㉖ $56-39=$

㉗ $85-16=$

㉘ $81-29=$

㉙ $97-48=$

㉚ $50-24=$

(두 자리 수)−(두 자리 수)

★ 뺄셈을 하시오.

① 71 − 49

② 83 − 78

③ 60 − 13

④ 72 − 54

⑤ 94 − 27

⑥ 40 − 18

⑦ 64 − 26

⑧ 92 − 39

⑨ 81 − 65

⑩ 53 − 46

⑪ 24 − 19

⑫ 91 − 63

⑬ 80 − 36

⑭ 41 − 26

⑮ 93 − 54

⑯ 50 − 31

⑰ 86 − 58

⑱ 92 − 85

⑲ 95 − 19

⑳ 72 − 27

(두 자리 수)-(두 자리 수)

★ 뺄셈을 하시오.

① $63-59=$

② $84-45=$

③ $91-78=$

④ $60-39=$

⑤ $52-23=$

⑥ $71-37=$

⑦ $35-18=$

⑧ $96-47=$

⑨ $70-12=$

⑩ $42-38=$

⑪ $82-16=$

⑫ $80-55=$

⑬ $43-27=$

⑭ $75-66=$

⑮ $38-29=$

⑯ $94-58=$

⑰ $90-17=$

⑱ $53-15=$

⑲ $77-59=$

⑳ $81-22=$

㉑ $91-64=$

㉒ $70-28=$

㉓ $26-19=$

㉔ $83-66=$

㉕ $90-34=$

㉖ $51-33=$

㉗ $64-17=$

㉘ $97-28=$

㉙ $82-79=$

㉚ $65-27=$

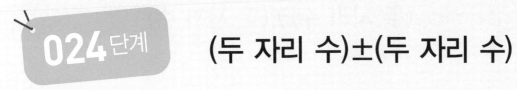

(두 자리 수)±(두 자리 수)

024 단계

● **결과 기록지**

① 1~5일차 학습에 걸린 시간을 각각 재서 그래프에 점을 찍습니다.

② 점과 점을 연결하여 기록의 변화를 확인합니다.

③ 오답 수를 세어 오답 수 칸에 씁니다.

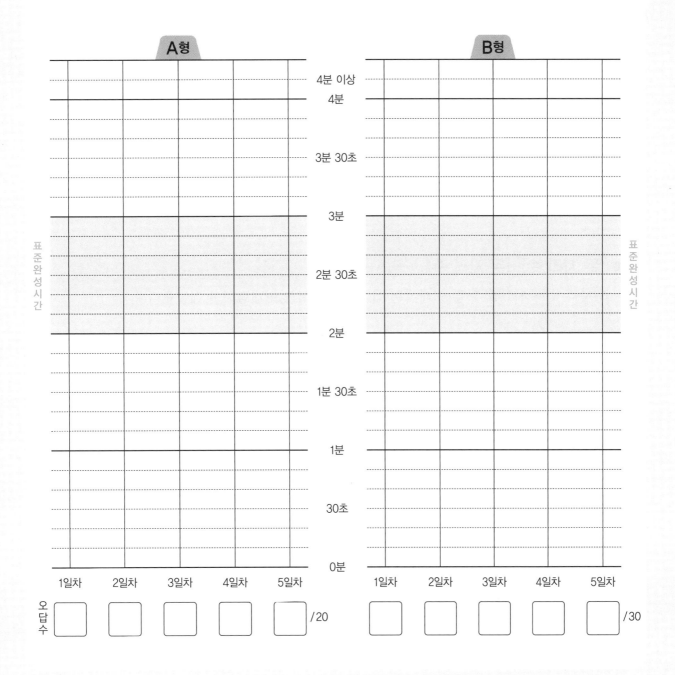

(두 자리 수)±(두 자리 수)

● (두 자리 수)+(두 자리 수)

일의 자리 숫자끼리 더하여 10이거나 10보다 크면 십의 자리로 받아올림하고, 십의 자리 숫자
끼리 더하여 10이거나 10보다 크면 백의 자리로 받아올림하여 계산합니다.

보기

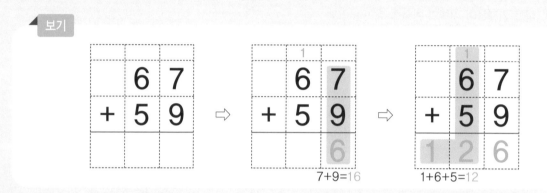

7+9=16   1+6+5=12

● (두 자리 수)−(두 자리 수)

일의 자리 숫자끼리 뺄 수 없을 때에는 십의 자리에서 받아내림하여 계산합니다.

보기

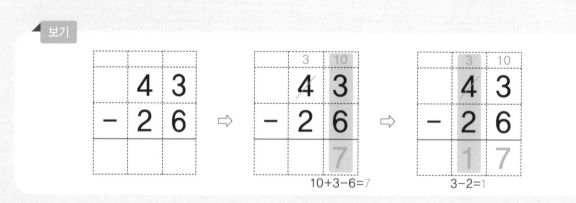

10+3-6=7   3-2=1

(두 자리 수)±(두 자리 수)

★ 계산을 하시오.

①
```
   1 3
 + 6 5
```

②
```
   4 6
 + 2 4
```

③
```
   4 8
 + 9 1
```

④
```
   6 8
 + 6 8
```

⑤
```
   3 6
 + 8 9
```

⑥
```
   2 1
 + 1 3
```

⑦
```
   5 8
 + 2 7
```

⑧
```
   1 3
 + 9 2
```

⑨
```
   7 9
 + 4 3
```

⑩
```
   6 8
 + 8 5
```

⑪
```
   5 8
 - 4 2
```

⑫
```
   7 3
 - 1 8
```

⑬
```
   9 0
 - 4 3
```

⑭
```
   6 5
 - 5 6
```

⑮
```
   8 2
 - 6 4
```

⑯
```
   7 5
 - 5 0
```

⑰
```
   9 7
 - 6 9
```

⑱
```
   8 3
 - 1 4
```

⑲
```
   4 1
 - 2 7
```

⑳
```
   7 4
 - 3 5
```

날짜	월	일
시간	분	초
오답 수		/ 30

(두 자리 수)±(두 자리 수)

★ 계산을 하시오.

① $61 + 25 =$

② $38 + 16 =$

③ $48 + 80 =$

④ $97 + 26 =$

⑤ $39 + 78 =$

⑥ $25 + 34 =$

⑦ $17 + 17 =$

⑧ $93 + 64 =$

⑨ $34 + 67 =$

⑩ $58 + 82 =$

⑪ $86 - 32 =$

⑫ $53 - 37 =$

⑬ $66 - 19 =$

⑭ $72 - 48 =$

⑮ $85 - 47 =$

⑯ $58 - 27 =$

⑰ $32 - 26 =$

⑱ $41 - 12 =$

⑲ $94 - 38 =$

⑳ $90 - 79 =$

㉑ $10 + 70 =$

㉒ $87 - 57 =$

㉓ $33 + 39 =$

㉔ $31 - 15 =$

㉕ $66 + 71 =$

㉖ $64 - 39 =$

㉗ $26 + 95 =$

㉘ $93 - 56 =$

㉙ $25 + 85 =$

㉚ $70 - 22 =$

(두 자리 수)±(두 자리 수)

★ 계산을 하시오.

①
```
   2 9
 + 7 5
```

②
```
   5 2
 + 8 3
```

③
```
   4 0
 + 1 6
```

④
```
   9 4
 + 6 9
```

⑤
```
   1 7
 + 4 3
```

⑥
```
   8 5
 + 6 4
```

⑦
```
   9 4
 + 9 7
```

⑧
```
   3 8
 + 3 9
```

⑨
```
   8 6
 + 4 4
```

⑩
```
   2 6
 + 5 3
```

⑪
```
   6 1
 - 2 9
```

⑫
```
   2 4
 - 1 6
```

⑬
```
   7 6
 - 4 7
```

⑭
```
   8 9
 - 6 8
```

⑮
```
   9 0
 - 3 1
```

⑯
```
   8 5
 - 3 8
```

⑰
```
   6 0
 - 4 7
```

⑱
```
   7 7
 - 3 1
```

⑲
```
   9 1
 - 2 3
```

⑳
```
   5 2
 - 1 9
```

★ 계산을 하시오.

① $62+54=$

② $14+64=$

③ $87+56=$

④ $29+17=$

⑤ $82+38=$

⑥ $48+57=$

⑦ $51+18=$

⑧ $14+36=$

⑨ $93+19=$

⑩ $42+86=$

⑪ $50-15=$

⑫ $76-68=$

⑬ $65-42=$

⑭ $92-73=$

⑮ $51-34=$

⑯ $82-55=$

⑰ $78-29=$

⑱ $94-17=$

⑲ $60-38=$

⑳ $46-45=$

㉑ $79+52=$

㉒ $60-16=$

㉓ $75+79=$

㉔ $42-37=$

㉕ $27+21=$

㉖ $89-25=$

㉗ $66+91=$

㉘ $91-68=$

㉙ $45+37=$

㉚ $73-55=$

★ 계산을 하시오.

①
```
  6 9
+ 3 4
```

②
```
  4 6
+ 8 9
```

③
```
  1 7
+ 7 5
```

④
```
  3 4
+ 7 3
```

⑤
```
  5 2
+ 3 2
```

⑥
```
  8 9
+ 6 7
```

⑦
```
  2 5
+ 7 1
```

⑧
```
  2 4
+ 9 6
```

⑨
```
  9 4
+ 8 0
```

⑩
```
  3 8
+ 3 3
```

⑪
```
  3 0
- 1 4
```

⑫
```
  9 8
- 7 7
```

⑬
```
  8 7
- 4 8
```

⑭
```
  6 3
- 3 9
```

⑮
```
  4 1
- 1 6
```

⑯
```
  8 3
- 2 5
```

⑰
```
  4 5
- 2 9
```

⑱
```
  9 1
- 4 2
```

⑲
```
  6 0
- 2 0
```

⑳
```
  3 2
- 2 8
```

(두 자리 수)±(두 자리 수)

★ 계산을 하시오.

① $18 + 54 =$

② $91 + 29 =$

③ $59 + 45 =$

④ $81 + 86 =$

⑤ $25 + 42 =$

⑥ $32 + 53 =$

⑦ $56 + 72 =$

⑧ $64 + 87 =$

⑨ $76 + 96 =$

⑩ $75 + 19 =$

⑪ $91 - 87 =$

⑫ $28 - 16 =$

⑬ $52 - 34 =$

⑭ $80 - 13 =$

⑮ $74 - 48 =$

⑯ $82 - 53 =$

⑰ $93 - 57 =$

⑱ $52 - 12 =$

⑲ $71 - 25 =$

⑳ $75 - 16 =$

㉑ $19 + 21 =$

㉒ $66 - 47 =$

㉓ $84 + 71 =$

㉔ $98 - 33 =$

㉕ $78 + 29 =$

㉖ $54 - 26 =$

㉗ $57 + 83 =$

㉘ $90 - 18 =$

㉙ $14 + 15 =$

㉚ $71 - 34 =$

4일차

(두 자리 수)±(두 자리 수)

● 표준완성시간 : 2~3분

날짜	월	일
시간	분	초
오답 수		/ 20

A형

★ 계산을 하시오.

①
```
    6 1
+ 8 5
```

②
```
    3 2
+ 3 6
```

③
```
    2 6
+ 8 7
```

④
```
    5 9
+ 3 9
```

⑤
```
    4 6
+ 9 5
```

⑥
```
    3 9
+ 2 5
```

⑦
```
    5 8
+ 9 8
```

⑧
```
    1 4
+ 2 3
```

⑨
```
    6 9
+ 3 3
```

⑩
```
    7 2
+ 6 1
```

⑪
```
    8 1
− 4 8
```

⑫
```
    4 7
− 1 9
```

⑬
```
    9 5
− 6 7
```

⑭
```
    7 3
− 5 6
```

⑮
```
    6 8
− 3 1
```

⑯
```
    7 3
− 6 4
```

⑰
```
    3 5
− 1 4
```

⑱
```
    4 4
− 2 9
```

⑲
```
    6 0
− 1 2
```

⑳
```
    9 2
− 2 5
```

(두 자리 수)±(두 자리 수)

★ 계산을 하시오.

① $58+63=$

② $71+81=$

③ $24+51=$

④ $91+49=$

⑤ $47+29=$

⑥ $38+42=$

⑦ $95+77=$

⑧ $71+57=$

⑨ $18+86=$

⑩ $33+16=$

⑪ $84-25=$

⑫ $91-43=$

⑬ $53-38=$

⑭ $76-39=$

⑮ $97-71=$

⑯ $82-66=$

⑰ $39-29=$

⑱ $60-27=$

⑲ $41-39=$

⑳ $75-48=$

㉑ $38+81=$

㉒ $96-38=$

㉓ $67+47=$

㉔ $58-19=$

㉕ $46+46=$

㉖ $84-37=$

㉗ $76+22=$

㉘ $62-59=$

㉙ $88+47=$

㉚ $79-25=$

★ 계산을 하시오.

①
```
   3 8
 + 8 4
```

②
```
   5 9
 + 2 6
```

③
```
   9 7
 + 4 7
```

④
```
   2 1
 + 4 4
```

⑤
```
   9 4
 + 3 5
```

⑥
```
   8 9
 + 1 9
```

⑦
```
   5 3
 + 6 1
```

⑧
```
   7 8
 + 8 9
```

⑨
```
   7 4
 + 2 4
```

⑩
```
   1 6
 + 3 7
```

⑪
```
   6 5
 - 1 9
```

⑫
```
   9 0
 - 2 6
```

⑬
```
   8 2
 - 5 7
```

⑭
```
   9 8
 - 1 4
```

⑮
```
   7 1
 - 5 4
```

⑯
```
   6 7
 - 4 8
```

⑰
```
   9 4
 - 4 7
```

⑱
```
   5 3
 - 2 9
```

⑲
```
   2 1
 - 1 6
```

⑳
```
   8 4
 - 7 2
```

(두 자리 수)±(두 자리 수)

★ 계산을 하시오.

① 71+92=

② 85+35=

③ 33+59=

④ 63+14=

⑤ 47+66=

⑥ 37+34=

⑦ 64+98=

⑧ 72+77=

⑨ 24+62=

⑩ 49+68=

⑪ 37-19=

⑫ 71-32=

⑬ 94-85=

⑭ 69-22=

⑮ 83-16=

⑯ 48-39=

⑰ 82-24=

⑱ 95-68=

⑲ 54-41=

⑳ 76-27=

㉑ 31+28=

㉒ 63-35=

㉓ 87+51=

㉔ 50-11=

㉕ 86+86=

㉖ 84-39=

㉗ 25+55=

㉘ 97-56=

㉙ 32+69=

㉚ 81-68=

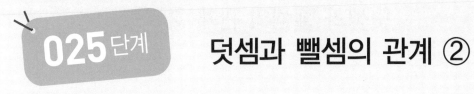

덧셈과 뺄셈의 관계 ②

025 단계

● **결과 기록지**

① 1~5일차 학습에 걸린 시간을 각각 재서 그래프에 점을 찍습니다.
② 점과 점을 연결하여 기록의 변화를 확인합니다.
③ 오답 수를 세어 오답 수 칸에 씁니다.

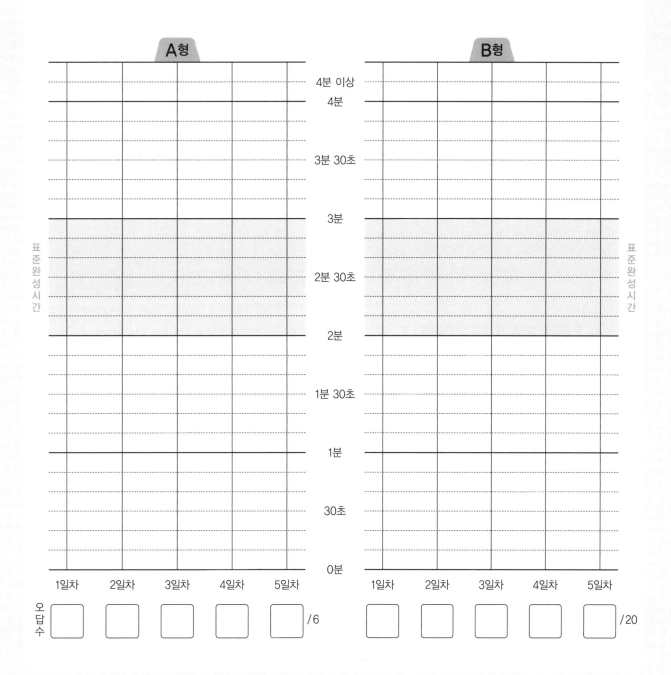

덧셈과 뺄셈의 관계 ②

● 덧셈과 뺄셈의 관계

1권에서 공부한 것처럼 덧셈과 뺄셈의 관계는 전체와 부분들과의 관계로 연결되어 있습니다.
부분과 부분을 더하면 전체가 되고, 전체에서 한 부분을 빼면 남은 부분이 됩니다.

덧셈식을 보고 뺄셈식 만들기의 예

$$43 + 8 = \boxed{51}$$

$$\boxed{51} - 8 = 43$$
$$\boxed{51} - 43 = 8$$

$$25 + 59 = \boxed{84}$$

$$\boxed{84} - 59 = 25$$
$$\boxed{84} - 25 = 59$$

뺄셈식을 보고 덧셈식 만들기의 예

$$30 - 7 = \boxed{23}$$

$$\boxed{23} + 7 = 30$$
$$7 + \boxed{23} = 30$$

$$64 - 35 = \boxed{29}$$

$$\boxed{29} + 35 = 64$$
$$35 + \boxed{29} = 64$$

덧셈과 뺄셈의 관계 ②

★ 빈칸에 알맞은 수를 써넣으시오.

① 75 + 6 = ☐

☐ − 6 = 75

☐ − 75 = 6

② 20 + 18 = ☐

☐ − 18 = 20

☐ − 20 = 18

③ 19 + 57 = ☐

☐ − 57 = 19

☐ − 19 = 57

④ 69 − 6 = ☐

☐ + 6 = 69

6 + ☐ = 69

⑤ 52 − 42 = ☐

☐ + 42 = 52

42 + ☐ = 52

⑥ 75 − 38 = ☐

☐ + 38 = 75

38 + ☐ = 75

덧셈과 뺄셈의 관계 ②

★ 빈칸에 알맞은 수를 써넣으시오.

① $3 + \boxed{} = 94$

② $1 + \boxed{} = 30$

③ $47 + \boxed{} = 69$

④ $34 + \boxed{} = 92$

⑤ $17 + \boxed{} = 84$

⑥ $\boxed{} + 43 = 45$

⑦ $\boxed{} + 65 = 73$

⑧ $\boxed{} + 17 = 48$

⑨ $\boxed{} + 32 = 61$

⑩ $\boxed{} + 18 = 35$

⑪ $95 - \boxed{} = 92$

⑫ $20 - \boxed{} = 11$

⑬ $58 - \boxed{} = 7$

⑭ $81 - \boxed{} = 14$

⑮ $94 - \boxed{} = 49$

⑯ $\boxed{} - 2 = 35$

⑰ $\boxed{} - 7 = 68$

⑱ $\boxed{} - 28 = 61$

⑲ $\boxed{} - 16 = 26$

⑳ $\boxed{} - 49 = 14$

덧셈과 뺄셈의 관계 ②

★ 빈칸에 알맞은 수를 써넣으시오.

① $92 + 7 = \boxed{}$

$\boxed{} - 7 = 92$

$\boxed{} - 92 = 7$

② $51 + 14 = \boxed{}$

$\boxed{} - 14 = 51$

$\boxed{} - 51 = 14$

③ $38 + 42 = \boxed{}$

$\boxed{} - 42 = 38$

$\boxed{} - 38 = 42$

④ $80 - 7 = \boxed{}$

$\boxed{} + 7 = 80$

$7 + \boxed{} = 80$

⑤ $65 - 41 = \boxed{}$

$\boxed{} + 41 = 65$

$41 + \boxed{} = 65$

⑥ $64 - 29 = \boxed{}$

$\boxed{} + 29 = 64$

$29 + \boxed{} = 64$

덧셈과 뺄셈의 관계 ②

★ 빈칸에 알맞은 수를 써넣으시오.

① $6 + \boxed{} = 38$

② $7 + \boxed{} = 96$

③ $12 + \boxed{} = 57$

④ $24 + \boxed{} = 40$

⑤ $49 + \boxed{} = 92$

⑥ $\boxed{} + 75 = 79$

⑦ $\boxed{} + 56 = 61$

⑧ $\boxed{} + 42 = 63$

⑨ $\boxed{} + 17 = 85$

⑩ $\boxed{} + 28 = 57$

⑪ $48 - \boxed{} = 45$

⑫ $91 - \boxed{} = 82$

⑬ $79 - \boxed{} = 38$

⑭ $92 - \boxed{} = 35$

⑮ $34 - \boxed{} = 16$

⑯ $\boxed{} - 5 = 22$

⑰ $\boxed{} - 4 = 49$

⑱ $\boxed{} - 12 = 53$

⑲ $\boxed{} - 74 = 6$

⑳ $\boxed{} - 28 = 48$

덧셈과 뺄셈의 관계 ②

★ 빈칸에 알맞은 수를 써넣으시오.

① $66 + 6 =$ ▢

▢ $- 6 = 66$
▢ $- 66 = 6$

② $24 + 32 =$ ▢

▢ $- 32 = 24$
▢ $- 24 = 32$

③ $53 + 28 =$ ▢

▢ $- 28 = 53$
▢ $- 53 = 28$

④ $38 - 8 =$ ▢

▢ $+ 8 = 38$
$8 +$ ▢ $= 38$

⑤ $79 - 13 =$ ▢

▢ $+ 13 = 79$
$13 +$ ▢ $= 79$

⑥ $91 - 24 =$ ▢

▢ $+ 24 = 91$
$24 +$ ▢ $= 91$

덧셈과 뺄셈의 관계 ②

★ 빈칸에 알맞은 수를 써넣으시오.

① $5 + \boxed{} = 28$

② $6 + \boxed{} = 83$

③ $21 + \boxed{} = 82$

④ $34 + \boxed{} = 51$

⑤ $19 + \boxed{} = 64$

⑥ $\boxed{} + 58 = 59$

⑦ $\boxed{} + 83 = 90$

⑧ $\boxed{} + 31 = 96$

⑨ $\boxed{} + 55 = 82$

⑩ $\boxed{} + 39 = 75$

⑪ $69 - \boxed{} = 62$

⑫ $40 - \boxed{} = 34$

⑬ $74 - \boxed{} = 11$

⑭ $36 - \boxed{} = 7$

⑮ $81 - \boxed{} = 39$

⑯ $\boxed{} - 5 = 73$

⑰ $\boxed{} - 9 = 86$

⑱ $\boxed{} - 21 = 35$

⑲ $\boxed{} - 17 = 66$

⑳ $\boxed{} - 24 = 18$

덧셈과 뺄셈의 관계 ②

● 표준완성시간 : 2~3분

날짜	월	일
시간	분	초
오답 수		/ 6

A형

★ 빈칸에 알맞은 수를 써넣으시오.

① 76 + 1 = ☐

☐ − 1 = 76

☐ − 76 = 1

② 63 + 26 = ☐

☐ − 26 = 63

☐ − 63 = 26

③ 19 + 44 = ☐

☐ − 44 = 19

☐ − 19 = 44

④ 42 − 9 = ☐

☐ + 9 = 42

9 + ☐ = 42

⑤ 97 − 33 = ☐

☐ + 33 = 97

33 + ☐ = 97

⑥ 73 − 58 = ☐

☐ + 58 = 73

58 + ☐ = 73

덧셈과 뺄셈의 관계 ②

★ 빈칸에 알맞은 수를 써넣으시오.

① $4 + \boxed{} = 38$

② $3 + \boxed{} = 60$

③ $22 + \boxed{} = 42$

④ $18 + \boxed{} = 96$

⑤ $33 + \boxed{} = 62$

⑥ $\boxed{} + 91 = 99$

⑦ $\boxed{} + 48 = 54$

⑧ $\boxed{} + 32 = 74$

⑨ $\boxed{} + 16 = 63$

⑩ $\boxed{} + 49 = 78$

⑪ $68 - \boxed{} = 66$

⑫ $36 - \boxed{} = 29$

⑬ $82 - \boxed{} = 51$

⑭ $51 - \boxed{} = 33$

⑮ $73 - \boxed{} = 47$

⑯ $\boxed{} - 4 = 25$

⑰ $\boxed{} - 7 = 77$

⑱ $\boxed{} - 43 = 3$

⑲ $\boxed{} - 65 = 27$

⑳ $\boxed{} - 31 = 19$

덧셈과 뺄셈의 관계 ②

★ 빈칸에 알맞은 수를 써넣으시오.

① 49 + 6 = ☐

☐ − 6 = 49

☐ − 49 = 6

② 21 + 55 = ☐

☐ − 55 = 21

☐ − 21 = 55

③ 12 + 29 = ☐

☐ − 29 = 12

☐ − 12 = 29

④ 74 − 6 = ☐

☐ + 6 = 74

6 + ☐ = 74

⑤ 85 − 54 = ☐

☐ + 54 = 85

54 + ☐ = 85

⑥ 62 − 48 = ☐

☐ + 48 = 62

48 + ☐ = 62

★ 빈칸에 알맞은 수를 써넣으시오.

① $4 + \boxed{} = 95$

② $5 + \boxed{} = 42$

③ $33 + \boxed{} = 76$

④ $58 + \boxed{} = 87$

⑤ $25 + \boxed{} = 70$

⑥ $\boxed{} + 56 = 58$

⑦ $\boxed{} + 29 = 33$

⑧ $\boxed{} + 56 = 87$

⑨ $\boxed{} + 38 = 60$

⑩ $\boxed{} + 14 = 51$

⑪ $89 - \boxed{} = 84$

⑫ $65 - \boxed{} = 59$

⑬ $47 - \boxed{} = 13$

⑭ $80 - \boxed{} = 37$

⑮ $98 - \boxed{} = 79$

⑯ $\boxed{} - 6 = 42$

⑰ $\boxed{} - 3 = 69$

⑱ $\boxed{} - 32 = 47$

⑲ $\boxed{} - 18 = 29$

⑳ $\boxed{} - 73 = 18$

026 ^{단계} 같은 수를 여러 번 더하기

● 결과 기록지

① 1~5일차 학습에 걸린 시간을 각각 재서 그래프에 점을 찍습니다.
② 점과 점을 연결하여 기록의 변화를 확인합니다.
③ 오답 수를 세어 오답 수 칸에 씁니다.

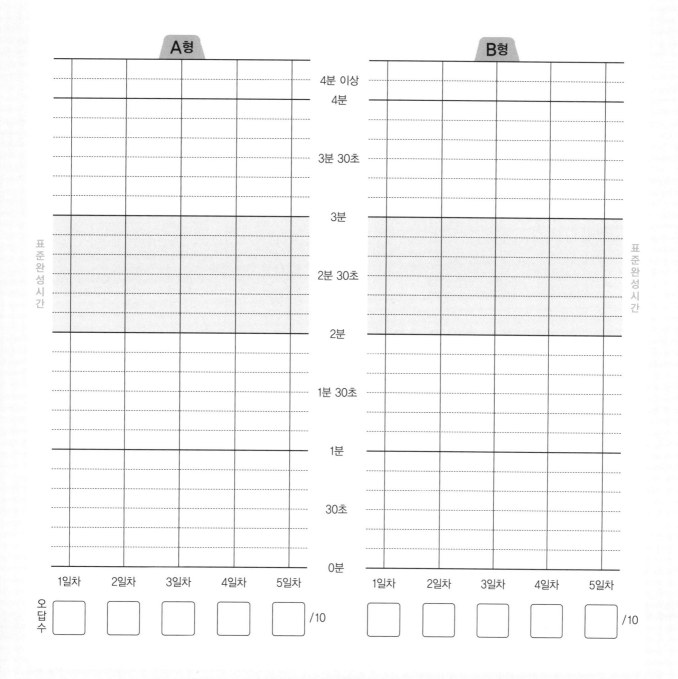

같은 수를 여러 번 더하기

● 같은 수를 여러 번 더하기

다음 바둑돌의 수를 여러 가지 방법으로 나타낼 수 있습니다.

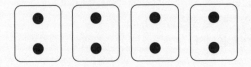

① 2씩 4묶음은 8입니다.
② 2씩 4묶음은 2의 4배이고, 2의 4배는 2+2+2+2=8입니다.
③ 2의 4배를 2×4라 쓰고, '2 곱하기 4'라고 읽습니다.
④ 2의 4배는 2+2+2+2=8이므로 2×4의 값도 8입니다.
⑤ 2+2+2+2=2×4=8입니다.

이와 같이 같은 수를 여러 번 더하는 것을 곱하기 기호(×)를 사용하여 곱셈식으로 나타낼 수 있습니다.

덧셈식을 곱셈식으로 나타내기의 예

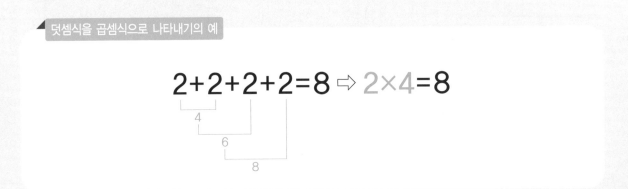

같은 수를 여러 번 더하기

● 표준완성시간 : 2~3분

날짜	월	일
시간	분	초
오답 수	/	10

★ 덧셈식을 곱셈식으로 나타내시오.

① $2+2=$ ☐ $×$ ☐

② $2+2+2+2=$ ☐ $×$ ☐

③ $2+2+2+2+2=$ ☐ $×$ ☐

④ $2+2+2+2+2+2+2=$ ☐ $×$ ☐

⑤ $2+2+2+2+2+2+2+2+2=$ ☐ $×$ ☐

⑥ $5+5+5=$ ☐ $×$ ☐

⑦ $5+5+5+5+5=$ ☐ $×$ ☐

⑧ $5+5+5+5+5+5=$ ☐ $×$ ☐

⑨ $5+5+5+5+5+5+5+5=$ ☐ $×$ ☐

⑩ $5+5+5+5+5+5+5+5+5=$ ☐ $×$ ☐

날짜	월	일
시간	분	초
오답 수		/ 10

같은 수를 여러 번 더하기

★ 덧셈식을 계산하고, 곱셈식으로 나타내시오.

① $2+2+2=$ ☐ ⇨ ☐ × ☐ = ☐

② $2+2+2+2+2=$ ☐ ⇨ ☐ × ☐ = ☐

③ $2+2+2+2+2+2=$ ☐ ⇨ ☐ × ☐ = ☐

④ $2+2+2+2+2+2+2+2=$ ☐ ⇨ ☐ × ☐ = ☐

⑤ $2+2+2+2+2+2+2+2+2=$ ☐ ⇨ ☐ × ☐ = ☐

⑥ $5+5=$ ☐ ⇨ ☐ × ☐ = ☐

⑦ $5+5+5+5=$ ☐ ⇨ ☐ × ☐ = ☐

⑧ $5+5+5+5+5=$ ☐ ⇨ ☐ × ☐ = ☐

⑨ $5+5+5+5+5+5+5=$ ☐ ⇨ ☐ × ☐ = ☐

⑩ $5+5+5+5+5+5+5+5+5=$ ☐ ⇨ ☐ × ☐ = ☐

● 표준완성시간 : 2~3분

날짜	월 일
시간	분 초
오답 수	/ 10

A형

같은 수를 여러 번 더하기

★ 덧셈식을 곱셈식으로 나타내시오.

① $3+3+3=\boxed{}\times\boxed{}$

② $3+3+3+3=\boxed{}\times\boxed{}$

③ $3+3+3+3+3+3=\boxed{}\times\boxed{}$

④ $3+3+3+3+3+3+3+3=\boxed{}\times\boxed{}$

⑤ $3+3+3+3+3+3+3+3+3=\boxed{}\times\boxed{}$

⑥ $4+4=\boxed{}\times\boxed{}$

⑦ $4+4+4=\boxed{}\times\boxed{}$

⑧ $4+4+4+4+4=\boxed{}\times\boxed{}$

⑨ $4+4+4+4+4+4+4=\boxed{}\times\boxed{}$

⑩ $4+4+4+4+4+4+4+4=\boxed{}\times\boxed{}$

같은 수를 여러 번 더하기

★ 덧셈식을 계산하고, 곱셈식으로 나타내시오.

① $3+3=\boxed{} \Rightarrow \boxed{} \times \boxed{} = \boxed{}$

② $3+3+3=\boxed{} \Rightarrow \boxed{} \times \boxed{} = \boxed{}$

③ $3+3+3+3+3=\boxed{} \Rightarrow \boxed{} \times \boxed{} = \boxed{}$

④ $3+3+3+3+3+3+3=\boxed{} \Rightarrow \boxed{} \times \boxed{} = \boxed{}$

⑤ $3+3+3+3+3+3+3+3=\boxed{} \Rightarrow \boxed{} \times \boxed{} = \boxed{}$

⑥ $4+4+4=\boxed{} \Rightarrow \boxed{} \times \boxed{} = \boxed{}$

⑦ $4+4+4+4=\boxed{} \Rightarrow \boxed{} \times \boxed{} = \boxed{}$

⑧ $4+4+4+4+4+4=\boxed{} \Rightarrow \boxed{} \times \boxed{} = \boxed{}$

⑨ $4+4+4+4+4+4+4+4=\boxed{} \Rightarrow \boxed{} \times \boxed{} = \boxed{}$

⑩ $4+4+4+4+4+4+4+4+4=\boxed{} \Rightarrow \boxed{} \times \boxed{} = \boxed{}$

같은 수를 여러 번 더하기

★ 덧셈식을 곱셈식으로 나타내시오.

① 6+6=☐×☐

② 6+6+6+6=☐×☐

③ 6+6+6+6+6=☐×☐

④ 6+6+6+6+6+6+6=☐×☐

⑤ 6+6+6+6+6+6+6+6=☐×☐

⑥ 7+7=☐×☐

⑦ 7+7+7=☐×☐

⑧ 7+7+7+7=☐×☐

⑨ 7+7+7+7+7+7=☐×☐

⑩ 7+7+7+7+7+7+7+7+7=☐×☐

날짜	월	일
시간	분	초
오답 수	/	10

같은 수를 여러 번 더하기

★ 덧셈식을 계산하고, 곱셈식으로 나타내시오.

① 6+6=☐ ⇨ ☐×☐=☐

② 6+6+6=☐ ⇨ ☐×☐=☐

③ 6+6+6+6=☐ ⇨ ☐×☐=☐

④ 6+6+6+6+6+6=☐ ⇨ ☐×☐=☐

⑤ 6+6+6+6+6+6+6+6+6=☐ ⇨ ☐×☐=☐

⑥ 7+7=☐ ⇨ ☐×☐=☐

⑦ 7+7+7+7=☐ ⇨ ☐×☐=☐

⑧ 7+7+7+7+7=☐ ⇨ ☐×☐=☐

⑨ 7+7+7+7+7+7+7=☐ ⇨ ☐×☐=☐

⑩ 7+7+7+7+7+7+7+7=☐ ⇨ ☐×☐=☐

같은 수를 여러 번 더하기

★ 덧셈식을 곱셈식으로 나타내시오.

① 8+8+8=☐×☐

② 8+8+8+8+8=☐×☐

③ 8+8+8+8+8+8=☐×☐

④ 8+8+8+8+8+8+8=☐×☐

⑤ 8+8+8+8+8+8+8+8=☐×☐

⑥ 9+9=☐×☐

⑦ 9+9+9+9=☐×☐

⑧ 9+9+9+9+9+9=☐×☐

⑨ 9+9+9+9+9+9+9=☐×☐

⑩ 9+9+9+9+9+9+9+9+9=☐×☐

같은 수를 여러 번 더하기

★ 덧셈식을 계산하고, 곱셈식으로 나타내시오.

① $8+8=$ ▢ ⇨ ▢ $\times$ ▢ $=$ ▢

② $8+8+8+8=$ ▢ ⇨ ▢ $\times$ ▢ $=$ ▢

③ $8+8+8+8+8+8=$ ▢ ⇨ ▢ $\times$ ▢ $=$ ▢

④ $8+8+8+8+8+8+8=$ ▢ ⇨ ▢ $\times$ ▢ $=$ ▢

⑤ $8+8+8+8+8+8+8+8+8=$ ▢ ⇨ ▢ $\times$ ▢ $=$ ▢

⑥ $9+9+9=$ ▢ ⇨ ▢ $\times$ ▢ $=$ ▢

⑦ $9+9+9+9+9=$ ▢ ⇨ ▢ $\times$ ▢ $=$ ▢

⑧ $9+9+9+9+9+9=$ ▢ ⇨ ▢ $\times$ ▢ $=$ ▢

⑨ $9+9+9+9+9+9+9=$ ▢ ⇨ ▢ $\times$ ▢ $=$ ▢

⑩ $9+9+9+9+9+9+9+9=$ ▢ ⇨ ▢ $\times$ ▢ $=$ ▢

같은 수를 여러 번 더하기

★ 덧셈식을 곱셈식으로 나타내시오.

① $2+2+2=$ ☐ $\times$ ☐

② $5+5+5+5=$ ☐ $\times$ ☐

③ $5+5+5+5+5+5+5=$ ☐ $\times$ ☐

④ $3+3+3+3+3=$ ☐ $\times$ ☐

⑤ $4+4+4+4+4+4+4+4+4=$ ☐ $\times$ ☐

⑥ $6+6+6+6+6+6=$ ☐ $\times$ ☐

⑦ $7+7+7+7+7=$ ☐ $\times$ ☐

⑧ $7+7+7+7+7+7+7+7=$ ☐ $\times$ ☐

⑨ $8+8=$ ☐ $\times$ ☐

⑩ $9+9+9=$ ☐ $\times$ ☐

같은 수를 여러 번 더하기

★ 덧셈식을 계산하고, 곱셈식으로 나타내시오.

① $2+2+2+2+2+2+2=$ ☐ ⇨ ☐ × ☐ = ☐

② $5+5+5=$ ☐ ⇨ ☐ × ☐ = ☐

③ $3+3+3+3+3+3=$ ☐ ⇨ ☐ × ☐ = ☐

④ $4+4=$ ☐ ⇨ ☐ × ☐ = ☐

⑤ $4+4+4+4+4+4+4=$ ☐ ⇨ ☐ × ☐ = ☐

⑥ $6+6+6+6+6=$ ☐ ⇨ ☐ × ☐ = ☐

⑦ $7+7+7=$ ☐ ⇨ ☐ × ☐ = ☐

⑧ $8+8+8+8+8+8+8+8=$ ☐ ⇨ ☐ × ☐ = ☐

⑨ $9+9+9+9=$ ☐ ⇨ ☐ × ☐ = ☐

⑩ $9+9+9+9+9+9+9+9+9=$ ☐ ⇨ ☐ × ☐ = ☐

2, 5, 3, 4의 단 곱셈구구

● 결과 기록지

① 1~5일차 학습에 걸린 시간을 각각 재서 그래프에 점을 찍습니다.
② 점과 점을 연결하여 기록의 변화를 확인합니다.
③ 오답 수를 세어 오답 수 칸에 씁니다.

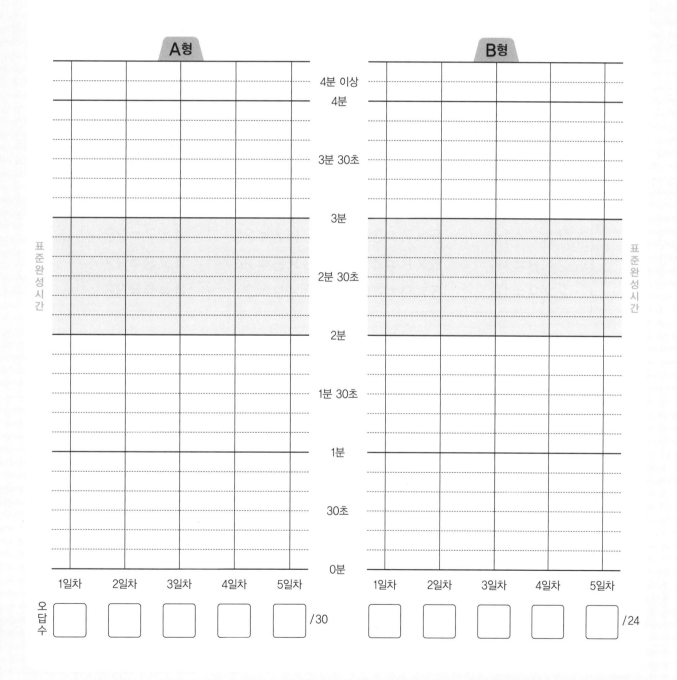

2, 5, 3, 4의 단 곱셈구구

● **곱셈구구**

곱셈구구는 곱셈에서 계속해서 사용하는 기초 공식이므로 외워 둡니다.

● **2, 5, 3, 4의 단 곱셈구구**

2의 단	5의 단	3의 단	4의 단
$2 \times 1 = 2$	$5 \times 1 = 5$	$3 \times 1 = 3$	$4 \times 1 = 4$
$2 \times 2 = 4$	$5 \times 2 = 10$	$3 \times 2 = 6$	$4 \times 2 = 8$
$2 \times 3 = 6$	$5 \times 3 = 15$	$3 \times 3 = 9$	$4 \times 3 = 12$
$2 \times 4 = 8$	$5 \times 4 = 20$	$3 \times 4 = 12$	$4 \times 4 = 16$
$2 \times 5 = 10$	$5 \times 5 = 25$	$3 \times 5 = 15$	$4 \times 5 = 20$
$2 \times 6 = 12$	$5 \times 6 = 30$	$3 \times 6 = 18$	$4 \times 6 = 24$
$2 \times 7 = 14$	$5 \times 7 = 35$	$3 \times 7 = 21$	$4 \times 7 = 28$
$2 \times 8 = 16$	$5 \times 8 = 40$	$3 \times 8 = 24$	$4 \times 8 = 32$
$2 \times 9 = 18$	$5 \times 9 = 45$	$3 \times 9 = 27$	$4 \times 9 = 36$

곱셈구구를 이용한 계산의 예

가로셈 $2 \times 7 = 14, 5 \times 7 = 35, 3 \times 7 = 21, 4 \times 7 = 28$

곱셈표

×	3	4	5
3	9	12	15
5	15	20	25

1일차

2, 5, 3, 4의 단 곱셈구구

● 표준완성시간 : 2~3분

날짜	월	일
시간	분	초
오답 수		/ 30

A 형

★ 곱셈을 하시오.

① 2×1 =

② 2×2 =

③ 2×3 =

④ 2×4 =

⑤ 2×5 =

⑥ 2×6 =

⑦ 2×7 =

⑧ 5×1 =

⑨ 5×2 =

⑩ 5×3 =

⑪ 5×4 =

⑫ 5×5 =

⑬ 5×6 =

⑭ 5×7 =

⑮ 3×1 =

⑯ 3×2 =

⑰ 3×3 =

⑱ 3×4 =

⑲ 3×5 =

⑳ 3×6 =

㉑ 3×7 =

㉒ 3×8 =

㉓ 4×1 =

㉔ 4×2 =

㉕ 4×3 =

㉖ 4×4 =

㉗ 4×5 =

㉘ 4×6 =

㉙ 4×7 =

㉚ 4×8 =

2, 5, 3, 4의 단 곱셈구구

★ 빈칸에 알맞은 수를 써넣어 곱셈표를 만들어 보시오.

×	1	2	3	4	6	7
2						14
5						
3						
4						

2×7=14

2, 5, 3, 4의 단 곱셈구구

★ 곱셈을 하시오.

① $2 \times 3 =$

② $2 \times 4 =$

③ $2 \times 5 =$

④ $2 \times 6 =$

⑤ $2 \times 7 =$

⑥ $2 \times 8 =$

⑦ $2 \times 9 =$

⑧ $5 \times 3 =$

⑨ $5 \times 4 =$

⑩ $5 \times 5 =$

⑪ $5 \times 6 =$

⑫ $5 \times 7 =$

⑬ $5 \times 8 =$

⑭ $5 \times 9 =$

⑮ $3 \times 2 =$

⑯ $3 \times 3 =$

⑰ $3 \times 4 =$

⑱ $3 \times 5 =$

⑲ $3 \times 6 =$

⑳ $3 \times 7 =$

㉑ $3 \times 8 =$

㉒ $3 \times 9 =$

㉓ $4 \times 2 =$

㉔ $4 \times 3 =$

㉕ $4 \times 4 =$

㉖ $4 \times 5 =$

㉗ $4 \times 6 =$

㉘ $4 \times 7 =$

㉙ $4 \times 8 =$

㉚ $4 \times 9 =$

● 표준완성시간 : 2~3분

날짜	월	일
시간	분	초
오답 수		/ 24

2, 5, 3, 4의 단 곱셈구구

★ 빈칸에 알맞은 수를 써넣어 곱셈표를 만들어 보시오.

×	2	4	5	6	8	9
2						
4						
3						
5						

2, 5, 3, 4의 단 곱셈구구

★ 곱셈을 하시오.

① $2 \times 4 =$

② $2 \times 9 =$

③ $2 \times 1 =$

④ $2 \times 5 =$

⑤ $2 \times 8 =$

⑥ $2 \times 3 =$

⑦ $2 \times 7 =$

⑧ $5 \times 2 =$

⑨ $5 \times 8 =$

⑩ $5 \times 4 =$

⑪ $5 \times 7 =$

⑫ $5 \times 3 =$

⑬ $5 \times 5 =$

⑭ $5 \times 6 =$

⑮ $3 \times 4 =$

⑯ $3 \times 3 =$

⑰ $3 \times 7 =$

⑱ $3 \times 1 =$

⑲ $3 \times 8 =$

⑳ $3 \times 6 =$

㉑ $3 \times 9 =$

㉒ $3 \times 2 =$

㉓ $4 \times 7 =$

㉔ $4 \times 5 =$

㉕ $4 \times 3 =$

㉖ $4 \times 6 =$

㉗ $4 \times 8 =$

㉘ $4 \times 2 =$

㉙ $4 \times 4 =$

㉚ $4 \times 9 =$

2, 5, 3, 4의 단 곱셈구구

★ 빈칸에 알맞은 수를 써넣어 곱셈표를 만들어 보시오.

×	8	4	1	5	3	7
3						
5						
4						
2						

2, 5, 3, 4의 단 곱셈구구

★ 곱셈을 하시오.

① 3×9 =

② 5×2 =

③ 2×8 =

④ 4×1 =

⑤ 3×6 =

⑥ 2×2 =

⑦ 5×9 =

⑧ 4×5 =

⑨ 3×3 =

⑩ 4×7 =

⑪ 3×7 =

⑫ 2×6 =

⑬ 5×4 =

⑭ 4×2 =

⑮ 2×9 =

⑯ 4×8 =

⑰ 3×5 =

⑱ 2×3 =

⑲ 5×7 =

⑳ 4×4 =

㉑ 2×5 =

㉒ 5×1 =

㉓ 4×3 =

㉔ 3×2 =

㉕ 5×6 =

㉖ 4×9 =

㉗ 3×4 =

㉘ 5×3 =

㉙ 2×7 =

㉚ 3×8 =

B_형

2, 5, 3, 4의 단 곱셈구구

★ 빈칸에 알맞은 수를 써넣어 곱셈표를 만들어 보시오.

×	2	7	3	9	6	5
4						
2						
5						
3						

2, 5, 3, 4의 단 곱셈구구

★ 곱셈을 하시오.

① $2 \times 4 =$

② $4 \times 7 =$

③ $3 \times 1 =$

④ $5 \times 2 =$

⑤ $2 \times 8 =$

⑥ $4 \times 4 =$

⑦ $5 \times 6 =$

⑧ $3 \times 5 =$

⑨ $2 \times 3 =$

⑩ $4 \times 8 =$

⑪ $5 \times 9 =$

⑫ $3 \times 8 =$

⑬ $2 \times 1 =$

⑭ $4 \times 5 =$

⑮ $3 \times 2 =$

⑯ $5 \times 3 =$

⑰ $2 \times 7 =$

⑱ $3 \times 9 =$

⑲ $4 \times 3 =$

⑳ $5 \times 5 =$

㉑ $5 \times 7 =$

㉒ $4 \times 1 =$

㉓ $2 \times 6 =$

㉔ $5 \times 8 =$

㉕ $3 \times 4 =$

㉖ $2 \times 2 =$

㉗ $4 \times 6 =$

㉘ $5 \times 1 =$

㉙ $3 \times 6 =$

㉚ $2 \times 9 =$

2, 5, 3, 4의 단 곱셈구구

★ 빈칸에 알맞은 수를 써넣어 곱셈표를 만들어 보시오.

×	4	9	5	8	7	3
5						
3						
2						
4						

6, 7, 8, 9의 단 곱셈구구

● **결과 기록지**

① 1~5일차 학습에 걸린 시간을 각각 재서 그래프에 점을 찍습니다.
② 점과 점을 연결하여 기록의 변화를 확인합니다.
③ 오답 수를 세어 오답 수 칸에 씁니다.

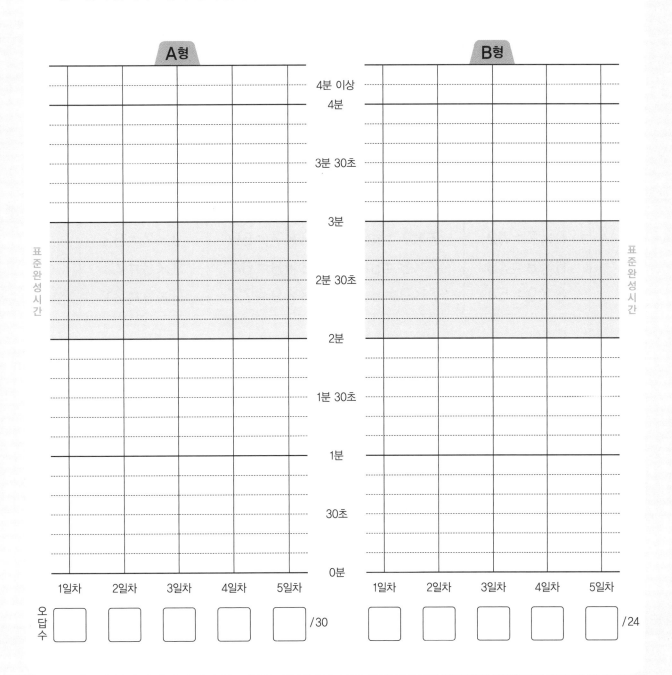

6, 7, 8, 9의 단 곱셈구구

● **곱셈구구**

곱셈구구는 곱셈에서 계속해서 사용하는 기초 공식이므로 외워 둡니다.

● **6, 7, 8, 9의 단 곱셈구구**

6의 단	7의 단	8의 단	9의 단
$6 \times 1 = 6$	$7 \times 1 = 7$	$8 \times 1 = 8$	$9 \times 1 = 9$
$6 \times 2 = 12$	$7 \times 2 = 14$	$8 \times 2 = 16$	$9 \times 2 = 18$
$6 \times 3 = 18$	$7 \times 3 = 21$	$8 \times 3 = 24$	$9 \times 3 = 27$
$6 \times 4 = 24$	$7 \times 4 = 28$	$8 \times 4 = 32$	$9 \times 4 = 36$
$6 \times 5 = 30$	$7 \times 5 = 35$	$8 \times 5 = 40$	$9 \times 5 = 45$
$6 \times 6 = 36$	$7 \times 6 = 42$	$8 \times 6 = 48$	$9 \times 6 = 54$
$6 \times 7 = 42$	$7 \times 7 = 49$	$8 \times 7 = 56$	$9 \times 7 = 63$
$6 \times 8 = 48$	$7 \times 8 = 56$	$8 \times 8 = 64$	$9 \times 8 = 72$
$6 \times 9 = 54$	$7 \times 9 = 63$	$8 \times 9 = 72$	$9 \times 9 = 81$

◢ **곱셈구구를 이용한 계산의 예**

가로셈 $6 \times 7 = 42, \, 7 \times 7 = 49, \, 8 \times 7 = 56, \, 9 \times 7 = 63$

곱셈표

×	3	4	5
6	18	24	30
8	24	32	40

6, 7, 8, 9의 단 곱셈구구

★ 곱셈을 하시오.

① $6 \times 1 =$

② $6 \times 2 =$

③ $6 \times 3 =$

④ $6 \times 4 =$

⑤ $6 \times 5 =$

⑥ $6 \times 6 =$

⑦ $6 \times 7 =$

⑧ $7 \times 1 =$

⑨ $7 \times 2 =$

⑩ $7 \times 3 =$

⑪ $7 \times 4 =$

⑫ $7 \times 5 =$

⑬ $7 \times 6 =$

⑭ $7 \times 7 =$

⑮ $8 \times 1 =$

⑯ $8 \times 2 =$

⑰ $8 \times 3 =$

⑱ $8 \times 4 =$

⑲ $8 \times 5 =$

⑳ $8 \times 6 =$

㉑ $8 \times 7 =$

㉒ $8 \times 8 =$

㉓ $9 \times 1 =$

㉔ $9 \times 2 =$

㉕ $9 \times 3 =$

㉖ $9 \times 4 =$

㉗ $9 \times 5 =$

㉘ $9 \times 6 =$

㉙ $9 \times 7 =$

㉚ $9 \times 8 =$

날짜	월 일
시간	분 초
오답 수	/ 24

6, 7, 8, 9의 단 곱셈구구

★ 빈칸에 알맞은 수를 써넣어 곱셈표를 만들어 보시오.

×	1	3	4	5	6	7
6						42
7						
8						
9						

6×7=42

● 표준완성시간 : 2~3분

날짜	월	일
시간	분	초
오답 수		/ 30

A형

6, 7, 8, 9의 단 곱셈구구

★ 곱셈을 하시오.

① $6 \times 3 =$

② $6 \times 4 =$

③ $6 \times 5 =$

④ $6 \times 6 =$

⑤ $6 \times 7 =$

⑥ $6 \times 8 =$

⑦ $6 \times 9 =$

⑧ $7 \times 3 =$

⑨ $7 \times 4 =$

⑩ $7 \times 5 =$

⑪ $7 \times 6 =$

⑫ $7 \times 7 =$

⑬ $7 \times 8 =$

⑭ $7 \times 9 =$

⑮ $8 \times 2 =$

⑯ $8 \times 3 =$

⑰ $8 \times 4 =$

⑱ $8 \times 5 =$

⑲ $8 \times 6 =$

⑳ $8 \times 7 =$

㉑ $8 \times 8 =$

㉒ $8 \times 9 =$

㉓ $9 \times 2 =$

㉔ $9 \times 3 =$

㉕ $9 \times 4 =$

㉖ $9 \times 5 =$

㉗ $9 \times 6 =$

㉘ $9 \times 7 =$

㉙ $9 \times 8 =$

㉚ $9 \times 9 =$

6, 7, 8, 9의 단 곱셈구구

★ 빈칸에 알맞은 수를 써넣어 곱셈표를 만들어 보시오.

×	2	3	5	6	8	9
8						
7						
9						
6						

6, 7, 8, 9의 단 곱셈구구

★ 곱셈을 하시오.

① $6 \times 8 =$

② $6 \times 3 =$

③ $6 \times 7 =$

④ $6 \times 4 =$

⑤ $6 \times 1 =$

⑥ $6 \times 5 =$

⑦ $6 \times 9 =$

⑧ $7 \times 9 =$

⑨ $7 \times 2 =$

⑩ $7 \times 7 =$

⑪ $7 \times 4 =$

⑫ $7 \times 6 =$

⑬ $7 \times 8 =$

⑭ $7 \times 3 =$

⑮ $8 \times 2 =$

⑯ $8 \times 9 =$

⑰ $8 \times 6 =$

⑱ $8 \times 3 =$

⑲ $8 \times 5 =$

⑳ $8 \times 7 =$

㉑ $8 \times 8 =$

㉒ $8 \times 4 =$

㉓ $9 \times 7 =$

㉔ $9 \times 5 =$

㉕ $9 \times 1 =$

㉖ $9 \times 8 =$

㉗ $9 \times 4 =$

㉘ $9 \times 6 =$

㉙ $9 \times 9 =$

㉚ $9 \times 3 =$

6, 7, 8, 9의 단 곱셈구구

★ 빈칸에 알맞은 수를 써넣어 곱셈표를 만들어 보시오.

×	4	9	5	7	1	8
6						
9						
7						
8						

6, 7, 8, 9의 단 곱셈구구

★ 곱셈을 하시오.

① $9 \times 9 =$

② $8 \times 6 =$

③ $6 \times 7 =$

④ $7 \times 1 =$

⑤ $9 \times 4 =$

⑥ $6 \times 2 =$

⑦ $8 \times 4 =$

⑧ $6 \times 6 =$

⑨ $7 \times 5 =$

⑩ $8 \times 3 =$

⑪ $7 \times 7 =$

⑫ $9 \times 8 =$

⑬ $8 \times 8 =$

⑭ $6 \times 3 =$

⑮ $9 \times 5 =$

⑯ $8 \times 2 =$

⑰ $6 \times 5 =$

⑱ $7 \times 6 =$

⑲ $8 \times 9 =$

⑳ $7 \times 8 =$

㉑ $9 \times 3 =$

㉒ $6 \times 9 =$

㉓ $9 \times 2 =$

㉔ $7 \times 3 =$

㉕ $8 \times 7 =$

㉖ $7 \times 9 =$

㉗ $9 \times 6 =$

㉘ $6 \times 4 =$

㉙ $8 \times 1 =$

㉚ $9 \times 7 =$

6, 7, 8, 9의 단 곱셈구구

★ 빈칸에 알맞은 수를 써넣어 곱셈표를 만들어 보시오.

×	8	2	4	3	9	6
9						
6						
8						
7						

6, 7, 8, 9의 단 곱셈구구

★ 곱셈을 하시오.

① $8 \times 3 =$

② $9 \times 9 =$

③ $6 \times 2 =$

④ $7 \times 4 =$

⑤ $9 \times 3 =$

⑥ $8 \times 1 =$

⑦ $6 \times 8 =$

⑧ $7 \times 5 =$

⑨ $6 \times 6 =$

⑩ $8 \times 7 =$

⑪ $7 \times 7 =$

⑫ $9 \times 2 =$

⑬ $8 \times 4 =$

⑭ $6 \times 1 =$

⑮ $7 \times 8 =$

⑯ $9 \times 5 =$

⑰ $7 \times 2 =$

⑱ $6 \times 9 =$

⑲ $9 \times 7 =$

⑳ $8 \times 8 =$

㉑ $8 \times 6 =$

㉒ $6 \times 7 =$

㉓ $9 \times 8 =$

㉔ $7 \times 1 =$

㉕ $6 \times 4 =$

㉖ $7 \times 6 =$

㉗ $8 \times 5 =$

㉘ $9 \times 1 =$

㉙ $7 \times 9 =$

㉚ $6 \times 5 =$

6, 7, 8, 9의 단 곱셈구구

★ 빈칸에 알맞은 수를 써넣어 곱셈표를 만들어 보시오.

×	3	7	6	4	2	9
7						
8						
6						
9						

029단계 곱셈구구 종합 ①

● **결과 기록지**

① 1~5일차 학습에 걸린 시간을 각각 재서 그래프에 점을 찍습니다.

② 점과 점을 연결하여 기록의 변화를 확인합니다.

③ 오답 수를 세어 오답 수 칸에 씁니다.

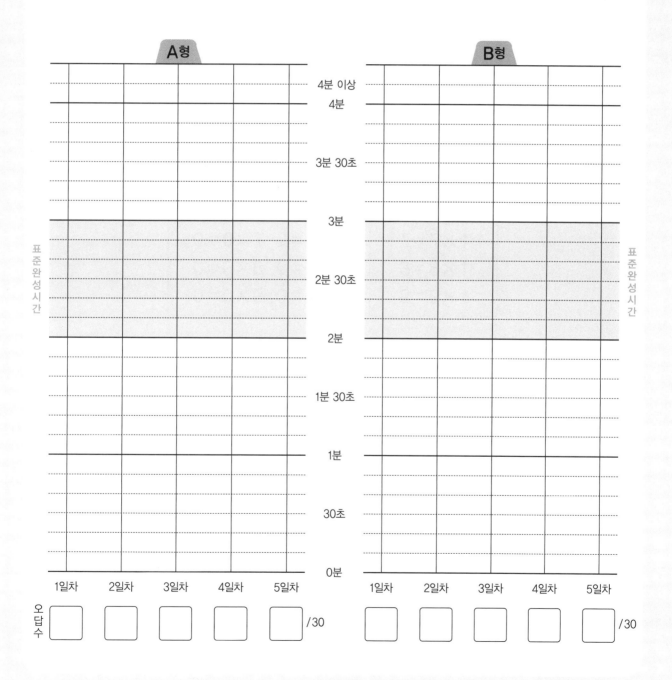

곱셈구구 종합 ①

● **곱셈구구 종합**

앞에서 공부한 2~9의 단 곱셈구구를 다시 한번 점검하고, 1의 단 곱셈구구와 0과 어떤 수의 곱
도 알아봅니다.

1과 어떤 수의 곱은 항상 그 수 자신입니다.

0과 어떤 수의 곱, 또는 어떤 수와 0의 곱은 항상 0입니다.

1의 단	0과 어떤 수의 곱
$1 \times 1 = 1$	$0 \times 1 = 0, \ 1 \times 0 = 0$
$1 \times 2 = 2$	$0 \times 2 = 0, \ 2 \times 0 = 0$
$1 \times 3 = 3$	$0 \times 3 = 0, \ 3 \times 0 = 0$
$1 \times 4 = 4$	$0 \times 4 = 0, \ 4 \times 0 = 0$
$1 \times 5 = 5$	$0 \times 5 = 0, \ 5 \times 0 = 0$
$1 \times 6 = 6$	$0 \times 6 = 0, \ 6 \times 0 = 0$
$1 \times 7 = 7$	$0 \times 7 = 0, \ 7 \times 0 = 0$
$1 \times 8 = 8$	$0 \times 8 = 0, \ 8 \times 0 = 0$
$1 \times 9 = 9$	$0 \times 9 = 0, \ 9 \times 0 = 0$

곱셈구구를 이용한 계산의 예

가로셈 $0 \times 7 = 0, \quad 4 \times 7 = 28, \quad 1 \times 6 = 6, \quad 8 \times 4 = 32$

곱셈표

×	0	1	4	9
3	0	3	12	27
6	0	6	24	54

곱셈구구 종합 ①

★ 곱셈을 하시오.

① 2×8=

② 2×2=

③ 2×5=

④ 5×4=

⑤ 5×9=

⑥ 5×8=

⑦ 3×3=

⑧ 3×6=

⑨ 3×1=

⑩ 3×8=

⑪ 4×6=

⑫ 4×2=

⑬ 4×5=

⑭ 4×9=

⑮ 6×4=

⑯ 6×7=

⑰ 6×1=

⑱ 6×3=

⑲ 7×9=

⑳ 7×2=

㉑ 7×5=

㉒ 7×7=

㉓ 8×9=

㉔ 8×5=

㉕ 8×2=

㉖ 8×6=

㉗ 9×8=

㉘ 9×6=

㉙ 9×1=

㉚ 9×4=

곱셈구구 종합 ①

★ 빈칸에 알맞은 수를 써넣어 곱셈표를 만들어 보시오.

×	1	3	4	6	7	8
2						
4						
5						
7						
8						

곱셈구구 종합 ①

★ 곱셈을 하시오.

① $3 \times 4 =$

② $8 \times 7 =$

③ $5 \times 1 =$

④ $7 \times 5 =$

⑤ $4 \times 6 =$

⑥ $6 \times 8 =$

⑦ $2 \times 7 =$

⑧ $9 \times 6 =$

⑨ $3 \times 8 =$

⑩ $7 \times 2 =$

⑪ $8 \times 8 =$

⑫ $4 \times 4 =$

⑬ $2 \times 3 =$

⑭ $6 \times 5 =$

⑮ $3 \times 9 =$

⑯ $9 \times 2 =$

⑰ $5 \times 8 =$

⑱ $7 \times 6 =$

⑲ $8 \times 1 =$

⑳ $4 \times 7 =$

㉑ $6 \times 2 =$

㉒ $9 \times 9 =$

㉓ $3 \times 1 =$

㉔ $7 \times 5 =$

㉕ $2 \times 9 =$

㉖ $8 \times 4 =$

㉗ $4 \times 3 =$

㉘ $6 \times 6 =$

㉙ $5 \times 5 =$

㉚ $9 \times 3 =$

B형

날짜	월 일
시간	분 초
오답 수	/ 30

곱셈구구 종합 ①

★ 빈칸에 알맞은 수를 써넣어 곱셈표를 만들어 보시오.

×	2	3	5	6	7	9
3						
5						
6						
8						
9						

곱셈구구 종합 ①

★ 곱셈을 하시오.

① $5 \times 2 =$

② $3 \times 9 =$

③ $9 \times 7 =$

④ $8 \times 5 =$

⑤ $2 \times 6 =$

⑥ $7 \times 3 =$

⑦ $5 \times 0 =$

⑧ $6 \times 6 =$

⑨ $4 \times 8 =$

⑩ $8 \times 8 =$

⑪ $6 \times 9 =$

⑫ $2 \times 2 =$

⑬ $7 \times 4 =$

⑭ $5 \times 5 =$

⑮ $3 \times 7 =$

⑯ $1 \times 6 =$

⑰ $9 \times 4 =$

⑱ $5 \times 7 =$

⑲ $4 \times 4 =$

⑳ $6 \times 8 =$

㉑ $7 \times 8 =$

㉒ $9 \times 6 =$

㉓ $4 \times 1 =$

㉔ $6 \times 3 =$

㉕ $2 \times 5 =$

㉖ $8 \times 2 =$

㉗ $4 \times 9 =$

㉘ $0 \times 7 =$

㉙ $3 \times 3 =$

㉚ $5 \times 4 =$

B형

날짜	월 일
시간	분 초
오답 수	/ 30

곱셈구구 종합 ①

★ 빈칸에 알맞은 수를 써넣어 곱셈표를 만들어 보시오.

×	8	2	5	0	7	4
4						
6						
1						
9						
3						

곱셈구구 종합 ①

★ 곱셈을 하시오.

① 4×9 =

② 9×8 =

③ 0×2 =

④ 6×3 =

⑤ 8×5 =

⑥ 3×6 =

⑦ 2×8 =

⑧ 7×7 =

⑨ 6×4 =

⑩ 5×7 =

⑪ 4×3 =

⑫ 6×7 =

⑬ 5×6 =

⑭ 2×2 =

⑮ 9×5 =

⑯ 1×1 =

⑰ 7×8 =

⑱ 3×4 =

⑲ 8×7 =

⑳ 6×9 =

㉑ 2×4 =

㉒ 7×5 =

㉓ 3×5 =

㉔ 6×1 =

㉕ 9×3 =

㉖ 7×9 =

㉗ 5×2 =

㉘ 9×0 =

㉙ 4×6 =

㉚ 8×2 =

곱셈구구 종합 ①

★ 빈칸에 알맞은 수를 써넣어 곱셈표를 만들어 보시오.

×	1	9	3	4	0	6
2						
8						
5						
0						
7						

5일차

곱셈구구 종합 ①

● 표준완성시간 : 2~3분

날짜	월	일
시간	분	초
오답 수	/	30

★ 곱셈을 하시오.

① $1 \times 4 =$

② $7 \times 7 =$

③ $3 \times 2 =$

④ $5 \times 3 =$

⑤ $8 \times 0 =$

⑥ $9 \times 6 =$

⑦ $2 \times 9 =$

⑧ $6 \times 8 =$

⑨ $4 \times 5 =$

⑩ $8 \times 4 =$

⑪ $5 \times 8 =$

⑫ $6 \times 6 =$

⑬ $2 \times 7 =$

⑭ $9 \times 4 =$

⑮ $8 \times 9 =$

⑯ $4 \times 2 =$

⑰ $3 \times 3 =$

⑱ $7 \times 6 =$

⑲ $6 \times 5 =$

⑳ $0 \times 4 =$

㉑ $3 \times 7 =$

㉒ $8 \times 8 =$

㉓ $4 \times 6 =$

㉔ $9 \times 1 =$

㉕ $5 \times 5 =$

㉖ $6 \times 4 =$

㉗ $2 \times 5 =$

㉘ $7 \times 2 =$

㉙ $8 \times 3 =$

㉚ $9 \times 9 =$

B^형

곱셈구구 종합 ①

★ 빈칸에 알맞은 수를 써넣어 곱셈표를 만들어 보시오.

×	8	3	7	2	9	5
0						
7						
1						
9						
4						

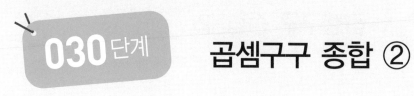

030 단계 곱셈구구 종합 ②

● **결과 기록지**

① 1~5일차 학습에 걸린 시간을 각각 재서 그래프에 점을 찍습니다.
② 점과 점을 연결하여 기록의 변화를 확인합니다.
③ 오답 수를 세어 오답 수 칸에 씁니다.

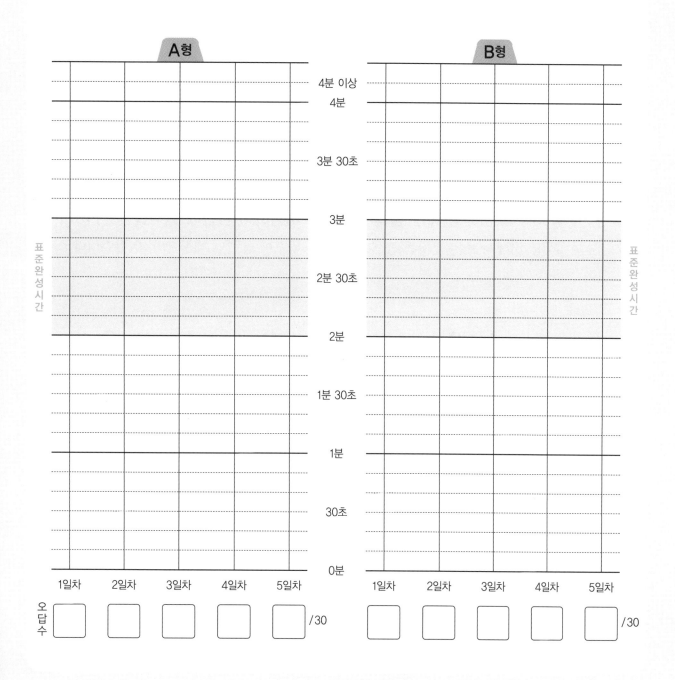

곱셈구구 종합 ②

● **곱셈구구를 이용하여 빈칸에 들어갈 수 구하기**

곱셈식에서 빈칸에 들어갈 수를 구하기 위하여 곱셈구구를 이용합니다.

보기

$$5 \times \boxed{} = 20 \quad \Rightarrow \quad 5 \times 4 = 20$$

> 5의 단 곱셈구구를 이용하여 곱이 20이 되는 곱셈식을 알아봅니다.

● **두 수를 바꾸어 곱해도 계산 결과가 같음을 이용하여 빈칸에 들어갈 수 구하기**

$2 \times 7 = 14$, $7 \times 2 = 14$에서 보는 것처럼 곱셈은 두 수를 바꾸어 곱해도 계산 결과가 같습니다.

보기

$$\boxed{} \times 4 = 8 \quad \Rightarrow \quad 4 \times \boxed{} = 8 \quad \Rightarrow \quad 4 \times 2 = 8$$

> 두 수를 바꾸어 곱해도 계산 결과가 같음을 이용하여 □×4를 4×□로 바꿉니다.

> 4의 단 곱셈구구를 이용하여 곱이 8이 되는 곱셈식을 알아봅니다.

곱셈구구 종합 ②

● 표준완성시간 : 2~3분

날짜	월	일
시간	분	초
오답 수	/ 30	

A형

★ 빈칸에 알맞은 수를 써넣으시오.

① $3 \times \boxed{} = 18$

② $8 \times \boxed{} = 72$

③ $4 \times \boxed{} = 4$

④ $5 \times \boxed{} = 15$

⑤ $2 \times \boxed{} = 8$

⑥ $7 \times \boxed{} = 35$

⑦ $9 \times \boxed{} = 18$

⑧ $1 \times \boxed{} = 6$

⑨ $6 \times \boxed{} = 48$

⑩ $2 \times \boxed{} = 14$

⑪ $2 \times \boxed{} = 2$

⑫ $6 \times \boxed{} = 54$

⑬ $5 \times \boxed{} = 30$

⑭ $7 \times \boxed{} = 0$

⑮ $7 \times \boxed{} = 21$

⑯ $8 \times \boxed{} = 32$

⑰ $3 \times \boxed{} = 6$

⑱ $9 \times \boxed{} = 72$

⑲ $4 \times \boxed{} = 28$

⑳ $2 \times \boxed{} = 10$

㉑ $7 \times \boxed{} = 49$

㉒ $5 \times \boxed{} = 20$

㉓ $3 \times \boxed{} = 24$

㉔ $9 \times \boxed{} = 54$

㉕ $4 \times \boxed{} = 20$

㉖ $1 \times \boxed{} = 4$

㉗ $3 \times \boxed{} = 9$

㉘ $6 \times \boxed{} = 12$

㉙ $5 \times \boxed{} = 45$

㉚ $8 \times \boxed{} = 8$

곱셈구구 종합 ②

★ 빈칸에 알맞은 수를 써넣으시오.

① $\square \times 7 = 28$

② $\square \times 8 = 40$

③ $\square \times 2 = 6$

④ $\square \times 6 = 36$

⑤ $\square \times 1 = 0$

⑥ $\square \times 5 = 40$

⑦ $\square \times 9 = 9$

⑧ $\square \times 4 = 36$

⑨ $\square \times 3 = 21$

⑩ $\square \times 4 = 8$

⑪ $\square \times 7 = 42$

⑫ $\square \times 8 = 24$

⑬ $\square \times 3 = 3$

⑭ $\square \times 6 = 42$

⑮ $\square \times 9 = 45$

⑯ $\square \times 1 = 8$

⑰ $\square \times 2 = 18$

⑱ $\square \times 4 = 16$

⑲ $\square \times 7 = 56$

⑳ $\square \times 5 = 10$

㉑ $\square \times 6 = 18$

㉒ $\square \times 4 = 32$

㉓ $\square \times 5 = 25$

㉔ $\square \times 7 = 14$

㉕ $\square \times 9 = 81$

㉖ $\square \times 3 = 12$

㉗ $\square \times 1 = 3$

㉘ $\square \times 6 = 6$

㉙ $\square \times 2 = 12$

㉚ $\square \times 8 = 56$

곱셈구구 종합 ②

★ 빈칸에 알맞은 수를 써넣으시오.

① $5 \times \boxed{} = 10$

② $3 \times \boxed{} = 27$

③ $9 \times \boxed{} = 36$

④ $2 \times \boxed{} = 6$

⑤ $6 \times \boxed{} = 30$

⑥ $2 \times \boxed{} = 16$

⑦ $7 \times \boxed{} = 7$

⑧ $4 \times \boxed{} = 28$

⑨ $8 \times \boxed{} = 48$

⑩ $3 \times \boxed{} = 0$

⑪ $2 \times \boxed{} = 12$

⑫ $5 \times \boxed{} = 5$

⑬ $8 \times \boxed{} = 72$

⑭ $3 \times \boxed{} = 15$

⑮ $8 \times \boxed{} = 16$

⑯ $7 \times \boxed{} = 56$

⑰ $1 \times \boxed{} = 1$

⑱ $9 \times \boxed{} = 63$

⑲ $6 \times \boxed{} = 24$

⑳ $4 \times \boxed{} = 12$

㉑ $9 \times \boxed{} = 45$

㉒ $8 \times \boxed{} = 64$

㉓ $3 \times \boxed{} = 12$

㉔ $2 \times \boxed{} = 4$

㉕ $4 \times \boxed{} = 24$

㉖ $7 \times \boxed{} = 63$

㉗ $1 \times \boxed{} = 2$

㉘ $9 \times \boxed{} = 27$

㉙ $6 \times \boxed{} = 6$

㉚ $5 \times \boxed{} = 35$

곱셈구구 종합 ②

★ 빈칸에 알맞은 수를 써넣으시오.

① $\boxed{} \times 9 = 9$

② $\boxed{} \times 3 = 24$

③ $\boxed{} \times 5 = 25$

④ $\boxed{} \times 8 = 48$

⑤ $\boxed{} \times 6 = 18$

⑥ $\boxed{} \times 4 = 36$

⑦ $\boxed{} \times 2 = 8$

⑧ $\boxed{} \times 3 = 6$

⑨ $\boxed{} \times 1 = 4$

⑩ $\boxed{} \times 7 = 49$

⑪ $\boxed{} \times 8 = 40$

⑫ $\boxed{} \times 4 = 8$

⑬ $\boxed{} \times 7 = 28$

⑭ $\boxed{} \times 1 = 7$

⑮ $\boxed{} \times 5 = 15$

⑯ $\boxed{} \times 6 = 42$

⑰ $\boxed{} \times 9 = 72$

⑱ $\boxed{} \times 3 = 18$

⑲ $\boxed{} \times 2 = 2$

⑳ $\boxed{} \times 5 = 45$

㉑ $\boxed{} \times 6 = 36$

㉒ $\boxed{} \times 8 = 24$

㉓ $\boxed{} \times 3 = 3$

㉔ $\boxed{} \times 7 = 35$

㉕ $\boxed{} \times 8 = 0$

㉖ $\boxed{} \times 4 = 16$

㉗ $\boxed{} \times 2 = 14$

㉘ $\boxed{} \times 5 = 40$

㉙ $\boxed{} \times 6 = 12$

㉚ $\boxed{} \times 9 = 81$

곱셈구구 종합 ②

★ 빈칸에 알맞은 수를 써넣으시오.

① $4 \times \boxed{} = 20$

② $2 \times \boxed{} = 18$

③ $1 \times \boxed{} = 3$

④ $6 \times \boxed{} = 48$

⑤ $4 \times \boxed{} = 28$

⑥ $5 \times \boxed{} = 5$

⑦ $8 \times \boxed{} = 16$

⑧ $7 \times \boxed{} = 42$

⑨ $3 \times \boxed{} = 9$

⑩ $9 \times \boxed{} = 36$

⑪ $3 \times \boxed{} = 21$

⑫ $1 \times \boxed{} = 9$

⑬ $5 \times \boxed{} = 30$

⑭ $8 \times \boxed{} = 64$

⑮ $7 \times \boxed{} = 14$

⑯ $6 \times \boxed{} = 24$

⑰ $9 \times \boxed{} = 27$

⑱ $2 \times \boxed{} = 10$

⑲ $4 \times \boxed{} = 4$

⑳ $8 \times \boxed{} = 72$

㉑ $9 \times \boxed{} = 54$

㉒ $4 \times \boxed{} = 32$

㉓ $7 \times \boxed{} = 7$

㉔ $6 \times \boxed{} = 30$

㉕ $2 \times \boxed{} = 4$

㉖ $3 \times \boxed{} = 27$

㉗ $4 \times \boxed{} = 0$

㉘ $8 \times \boxed{} = 56$

㉙ $5 \times \boxed{} = 20$

㉚ $7 \times \boxed{} = 21$

곱셈구구 종합 ②

★ 빈칸에 알맞은 수를 써넣으시오.

① □×6=18

② □×9=9

③ □×4=8

④ □×5=25

⑤ □×3=24

⑥ □×9=63

⑦ □×1=2

⑧ □×2=12

⑨ □×8=32

⑩ □×7=63

⑪ □×4=12

⑫ □×9=81

⑬ □×5=10

⑭ □×8=8

⑮ □×6=0

⑯ □×2=16

⑰ □×6=36

⑱ □×7=28

⑲ □×3=15

⑳ □×2=14

㉑ □×8=24

㉒ □×5=30

㉓ □×6=54

㉔ □×2=8

㉕ □×4=24

㉖ □×7=35

㉗ □×9=18

㉘ □×3=3

㉙ □×5=35

㉚ □×1=8

곱셈구구 종합 ②

★ 빈칸에 알맞은 수를 써넣으시오.

① $7 \times \boxed{} = 7$

② $2 \times \boxed{} = 16$

③ $9 \times \boxed{} = 27$

④ $6 \times \boxed{} = 42$

⑤ $3 \times \boxed{} = 6$

⑥ $4 \times \boxed{} = 24$

⑦ $5 \times \boxed{} = 45$

⑧ $1 \times \boxed{} = 6$

⑨ $8 \times \boxed{} = 56$

⑩ $4 \times \boxed{} = 20$

⑪ $3 \times \boxed{} = 15$

⑫ $7 \times \boxed{} = 63$

⑬ $6 \times \boxed{} = 24$

⑭ $8 \times \boxed{} = 16$

⑮ $2 \times \boxed{} = 2$

⑯ $4 \times \boxed{} = 12$

⑰ $5 \times \boxed{} = 0$

⑱ $9 \times \boxed{} = 72$

⑲ $5 \times \boxed{} = 35$

⑳ $7 \times \boxed{} = 42$

㉑ $6 \times \boxed{} = 12$

㉒ $9 \times \boxed{} = 63$

㉓ $5 \times \boxed{} = 20$

㉔ $4 \times \boxed{} = 36$

㉕ $7 \times \boxed{} = 56$

㉖ $3 \times \boxed{} = 18$

㉗ $1 \times \boxed{} = 1$

㉘ $2 \times \boxed{} = 6$

㉙ $6 \times \boxed{} = 48$

㉚ $8 \times \boxed{} = 40$

● 표준완성시간 : 2~3분

날짜	월	일
시간	분	초
오답 수		/ 30

곱셈구구 종합 ②

★ 빈칸에 알맞은 수를 써넣으시오.

① $\boxed{} \times 8 = 64$

② $\boxed{} \times 7 = 21$

③ $\boxed{} \times 4 = 16$

④ $\boxed{} \times 1 = 9$

⑤ $\boxed{} \times 2 = 4$

⑥ $\boxed{} \times 9 = 54$

⑦ $\boxed{} \times 3 = 21$

⑧ $\boxed{} \times 6 = 6$

⑨ $\boxed{} \times 9 = 45$

⑩ $\boxed{} \times 5 = 40$

⑪ $\boxed{} \times 3 = 9$

⑫ $\boxed{} \times 2 = 14$

⑬ $\boxed{} \times 5 = 5$

⑭ $\boxed{} \times 8 = 48$

⑮ $\boxed{} \times 6 = 30$

⑯ $\boxed{} \times 7 = 14$

⑰ $\boxed{} \times 1 = 5$

⑱ $\boxed{} \times 9 = 36$

⑲ $\boxed{} \times 2 = 18$

⑳ $\boxed{} \times 4 = 32$

㉑ $\boxed{} \times 9 = 18$

㉒ $\boxed{} \times 8 = 32$

㉓ $\boxed{} \times 2 = 10$

㉔ $\boxed{} \times 3 = 27$

㉕ $\boxed{} \times 2 = 0$

㉖ $\boxed{} \times 4 = 4$

㉗ $\boxed{} \times 5 = 15$

㉘ $\boxed{} \times 6 = 54$

㉙ $\boxed{} \times 5 = 30$

㉚ $\boxed{} \times 7 = 49$

곱셈구구 종합 ②

★ 빈칸에 알맞은 수를 써넣으시오.

① $5 \times \boxed{} = 10$

② $9 \times \boxed{} = 0$

③ $6 \times \boxed{} = 36$

④ $3 \times \boxed{} = 12$

⑤ $8 \times \boxed{} = 24$

⑥ $2 \times \boxed{} = 16$

⑦ $6 \times \boxed{} = 30$

⑧ $4 \times \boxed{} = 28$

⑨ $7 \times \boxed{} = 7$

⑩ $9 \times \boxed{} = 81$

⑪ $6 \times \boxed{} = 18$

⑫ $8 \times \boxed{} = 16$

⑬ $2 \times \boxed{} = 12$

⑭ $7 \times \boxed{} = 28$

⑮ $9 \times \boxed{} = 72$

⑯ $4 \times \boxed{} = 20$

⑰ $1 \times \boxed{} = 7$

⑱ $5 \times \boxed{} = 45$

⑲ $3 \times \boxed{} = 3$

⑳ $8 \times \boxed{} = 56$

㉑ $1 \times \boxed{} = 4$

㉒ $3 \times \boxed{} = 21$

㉓ $8 \times \boxed{} = 8$

㉔ $5 \times \boxed{} = 25$

㉕ $4 \times \boxed{} = 8$

㉖ $9 \times \boxed{} = 54$

㉗ $7 \times \boxed{} = 56$

㉘ $6 \times \boxed{} = 54$

㉙ $2 \times \boxed{} = 6$

㉚ $4 \times \boxed{} = 16$

B형

곱셈구구 종합 ②

★ 빈칸에 알맞은 수를 써넣으시오.

① $\boxed{} \times 3 = 15$

② $\boxed{} \times 9 = 27$

③ $\boxed{} \times 2 = 8$

④ $\boxed{} \times 8 = 72$

⑤ $\boxed{} \times 4 = 24$

⑥ $\boxed{} \times 1 = 0$

⑦ $\boxed{} \times 5 = 40$

⑧ $\boxed{} \times 9 = 9$

⑨ $\boxed{} \times 6 = 12$

⑩ $\boxed{} \times 7 = 49$

⑪ $\boxed{} \times 4 = 36$

⑫ $\boxed{} \times 1 = 3$

⑬ $\boxed{} \times 6 = 48$

⑭ $\boxed{} \times 5 = 15$

⑮ $\boxed{} \times 7 = 14$

⑯ $\boxed{} \times 9 = 63$

⑰ $\boxed{} \times 3 = 18$

⑱ $\boxed{} \times 8 = 32$

⑲ $\boxed{} \times 2 = 2$

⑳ $\boxed{} \times 7 = 35$

㉑ $\boxed{} \times 8 = 64$

㉒ $\boxed{} \times 3 = 6$

㉓ $\boxed{} \times 9 = 45$

㉔ $\boxed{} \times 6 = 24$

㉕ $\boxed{} \times 4 = 4$

㉖ $\boxed{} \times 2 = 18$

㉗ $\boxed{} \times 1 = 8$

㉘ $\boxed{} \times 7 = 21$

㉙ $\boxed{} \times 5 = 35$

㉚ $\boxed{} \times 8 = 48$

종료테스트

20문항 / 표준완성시간 2~3분

실시 방법

❶ 먼저, 이름, 실시 연월일을 씁니다.

❷ 스톱워치를 켜서 시간을 정확히 재면서 문제를 풀고, 문제를 다 푸는 데 걸린 시간을 씁니다.

❸ 가능하면 표준완성시간 내에 풉니다.

❹ 다 풀고 난 후 채점을 하고, 오답 수를 기록합니다.

❺ 마지막 장에 있는 종료테스트 학습능력평가표에 V표시를 하면서 학생의 전반적인 학습 상태를 점검합니다.

이름			
실시 연월일	년	월	일
걸린 시간	분		초
오답 수		/	20

★ 계산을 하시오.

① $48 + 25 =$

② $52 + 63 =$

③ $62 + 95 =$

④ $57 + 73 =$

⑤ $82 + 89 =$

⑥ $60 - 36 =$

⑦ $71 - 23 =$

⑧ $44 - 28 =$

⑨ $6 \times 5 =$

⑩ $3 \times 2 =$

⑪ $9 \times 6 =$

⑫ $2 \times 8 =$

⑬ $5 \times 9 =$

⑭ $8 \times 7 =$

★ 빈칸에 알맞은 수를 써넣으시오.

⑮ $59 + \boxed{} = 97$

⑯ $\boxed{} - 57 = 17$

⑰ $4 + 4 + 4 = \boxed{} \Rightarrow \boxed{} \times \boxed{} = \boxed{}$

⑱ $7 + 7 + 7 + 7 + 7 + 7 = \boxed{} \Rightarrow \boxed{} \times \boxed{} = \boxed{}$

⑲ $3 \times \boxed{} = 21$

⑳ $\boxed{} \times 6 = 48$

》 3권 종료테스트 정답

① 73	② 115	③ 157	④ 130	⑤ 171
⑥ 24	⑦ 48	⑧ 16	⑨ 30	⑩ 6
⑪ 54	⑫ 16	⑬ 45	⑭ 56	⑮ 38
⑯ 74	⑰ 12, 4, 3, 12		⑱ 42, 7, 6, 42	
⑲ 7	⑳ 8			

》 종료테스트 학습능력평가표

3권은?

학습 방법	☐ 매일매일	☐ 가끔	☐ 한꺼번에	- 하였습니다.
학습 태도	☐ 스스로 잘	☐ 시켜서 억지로		- 하였습니다.
학습 흥미	☐ 재미있게	☐ 싫증내며		- 하였습니다.
교재 내용	☐ 적합하다고	☐ 어렵다고	☐ 쉽다고	- 하였습니다.

평가 기준

평가	☐ A등급(매우 잘함)	☐ B등급(잘함)	☐ C등급(보통)	☐ D등급(부족함)
오답 수	0~2	3~4	5~6	7~

• A, B등급 : 다음 교재를 바로 시작하세요.
• C등급 : 틀린 부분을 다시 한번 더 공부한 후, 다음 교재를 시작하세요.
• D등급 : 본 교재를 다시 복습한 후, 다음 교재를 시작하세요.